PRINCIPES SOMMAIRES

DE

L'ÉLEVAGE DU CHEVAL

ÉVREUX, IMPRIMERIE DE A. HÉRISSEY.

PRINCIPES SOMMAIRES

DE

L'ÉLEVAGE DU CHEVAL

DÉDIÉS

AUX ÉLÈVES ADULTES DES ÉCOLES RURALES

— JEUNES CULTIVATEURS —

— ENSEIGNEMENT PROFESSIONNEL —

PAR

LE MAJOR BASSERIE

DU 6e CUIRASSIERS

« L'Éleveur peut, à sa volonté, faire le cheval fort et léger. »

Docteur AUZOUX.

PARIS

LIBRAIRIE CENTRALE D'AGRICULTURE ET DE JARDINAGE

RUE DES ÉCOLES, 82, PRÈS LE MUSÉE DE CLUNY

— Auguste GOIN, éditeur —

1867

AVANT-PROPOS

Après la charrue, le cheval est le premier instrument du cultivateur, et, qu'il soit destiné, soit au luxe, soit aux services de l'industrie, soit à l'armée, il est aussi, avant tout, *un produit agricole.*

Si un enseignement peut être utile à propos de la production et de l'élevage du cheval, il doit donc s'adresser au cultivateur qui laboure et fait produire le sol, qui crée et entretient les prairies, et qui, soit qu'il élève pour user ou pour vendre, doit *capitaliser* le plus avantageusement possible des ressources fourragères qui pourraient être différemment employées.

C'était sans doute en considération de ce principe,

— principe fondamental pour toute industrie, — qu'un comité hippique de Bretagne, — circonscription du dépôt d'étalons de *Lamballe*, — soumettait, en 1850, à la commission supérieure des haras, ce vœu : « Qu'un traité simple et concis de l'élève du « poulain fût rédigé et traduit en breton (1). »

Depuis cette époque, de graves discussions, d'ardentes polémiques, ont continué d'agiter la question chevaline ; de savants ouvrages ont été écrits ; d'excellentes mesures ont été adoptées, mais le *Manuel hippique du cultivateur* n'a pas été fait.

L'idée de travailler à combler cette lacune seraitelle donc téméraire?

Un zoologiste éminent (2) écrivait il y a peu de

---

(1) Ce comité était composé de :

MM. Cohan, membre du conseil général des C..du-Nord, présid

Bonnefin, propriétaire, de Parcevaux, id., Ollitrant-Dureste, id.,	Pour les C. du-Nord,	Membres.
de la Belinaye, prop., de Poulpiquet, id., du Halgercet id.,	Pour l'Ille-et-Vilaine,	

Legoff, vétérinaire, secrétaire du conseil

(2) M. Richard, du Cantal, Rapport à la Société impériale d'ac-

temps que « la question chevaline, discutée en « France depuis deux siècles surtout, est encore « *ténébreuse*, parce que la science du cheval ne l'a « pas suffisamment élucidée. »

D'autres publicistes ont affirmé « que l'élevage du « cheval n'est pas assez lucratif (1); » que, malgré nos chemins vicinaux et nos instruments de culture améliorés de manière à rendre la traction plus légère et le travail de ferme plus rapide, le cultivateur ne saurait élever et posséder d'autres animaux de travail que ceux lourds et grossiers, seulement propres au tirage lent... Et la production et l'élevage du cheval plus distingué et plus énergique sont placés, depuis longtemps, dans l'opinion générale, au rang des fantaisies dispendieuses ou des généreux sacrifices qui nécessitent la subvention.

Tout en restant partisan des encouragements les plus larges pour cette industrie qui intéresse au plus

---

climatation, au sujet de l'excellent ouvrage de M. le général Daumas, intitulé : *Les chevaux du Sahara et les mœurs du désert*.

(1) Journal *la Culture*, 15 août 1861.

haut point la force de l'État, nous nous sommes toujours refusé à cette conclusion décevante.

En effet, pourquoi notre pays de France, au sol fertile, au climat si heureux, où se développent les meilleures qualités de puissance et d'énergie chez les autres espèces animales, serait-il à ce point défavorable à l'espèce chevaline?

Il y a près de vingt ans que nous nous sommes posé pour la première fois cette question.

Pourvu déjà d'une certaine expérience agricole, que nous n'avons jamais cessé de cultiver, nous avons pu, depuis, étudier tout spécialement l'industrie chevaline dans diverses contrées; noter, dans leurs détails les plus intimes, les plus vulgaires, et, par cela même, les moins signalés jusqu'ici, des conditions géologiques et climatériques, des faits pratiques et des habitudes locales qui nous ont paru favorables ou contraires; rapprocher, par la comparaison, ces divers détails du succès ou de l'insuccès hippique de chaque localité, de chaque éleveur, et arriver enfin à cette opinion plus heureuse : que l'agriculture peut presque partout aujourd'hui créer et employer, à son plus grand avantage, les mêmes ressources chevalines que notre pays réclame, aussi bien pour son indépendance politique que pour les divers besoins du luxe et de l'industrie.

Pénétré de cette conviction, que le patriotisme nous fait un devoir de chercher à répandre, nous ne ferons ici ni art, ni science, ni érudition, ni poésie. Mais sans sortir du terre-à-terre des faits agricoles, et partant du seul principe de l'*économie rurale*, nous espérons pouvoir démontrer, au moyen du raisonnement physiologique et des comparaisons les plus simples appuyées sur des phénomènes connus de tous, que l'on pourrait enfin fixer, dans la plupart de nos races chevalines, les meilleures conditions de conformation, de durée et de bon service, à la plus grande satisfaction de l'industrie agricole qui produit et élève, soit pour user plus longtemps, soit pour vendre plus cher.

En un mot, l'intérêt agricole doit et peut, le premier, trouver avantage dans la solution de cette importante question.

C'est donc à l'agriculture que nous venons offrir

ce modeste travail, fruit de longues et minutieuses observations, dont le résultat nous a permis de développer, dans leur application pratique, les meilleurs préceptes de nos plus savants hippologues et de nos plus illustres agronomes, à qui nous nous empressons de rendre hommage.

En vue de la meilleure instruction hippique des jeunes cultivateurs, nous commencerons par l'esquisse des conditions extérieures du bon et beau cheval, et des quelques défectuosités qu'il importe d'éviter.

PRINCIPES SOMMAIRES

DE

L'ÉLEVAGE DU CHEVAL

CHAPITRE PREMIER

LE BON CHEVAL. — EXTÉRIEUR

Chacun, d'un coup d'œil, peut apprécier, dès qu'elles sont indiquées, les conditions essentielles de conformation du bon cheval ; conditions indispensables au bon cheval de trait comme au bon cheval de selle, à la jument comme à l'étalon, et qu'il est facile de reconnaître dans le poulain.

Mais, d'abord, n'oublions pas que la beauté native étant par elle-même une valeur, le producteur doit toujours la rechercher au moyen des accouplements.

D'un cheval qui a une vilaine tête, on dit : « Le cheval ne marche pas sur la tête. » C'est vrai. Mais l'oreille bien placée et tranquille; le front large, carré; l'œil bien ouvert, assuré, calme; le chanfrein sec; les naseaux qui se dilatent facilement, semblent dire à l'homme : « J'ai bonne volonté. » Cette jolie tête plaît; ce qui plaît, l'acheteur le paye. Le cheval qui porte cette tête *ne mange pas plus qu'un autre* : l'éleveur doit donc rechercher cette distinction dans les reproducteurs pour profiter de sa valeur dans les produits.

Le propriétaire de l'étalon ou du poulain qui a une robe peu recherchée dit aussi : « Il y a de bons che- « vaux de toutes robes. » Cela est encore vrai, malgré pourtant que certaines nuances *lavées* passent pour indiquer que le tempérament des sujets qu'elles recouvrent est moins bon. Mais la consommation qui paye le plus cher a ses préférences; le cheval bai, ou bai brun, ou noir *ne mange pas plus qu'un autre;* ces robes sont plus propres, plus élégantes, plus estimées : l'éleveur ne doit donc pas négliger de les rechercher dans les étalons pour se donner plus tard des animaux de plus de valeur.

Dans toute industrie, c'est la consommation qui dirige la fabrication. L'*offre obéit à la demande.* Jadis, le service de la poste et des diligences présentait au cheval de trait léger son plus important débouché. Les maîtres de poste faisaient donc la loi. Ils avaient compris qu'en frappant la robe foncée d'une sorte de réprobation, ils écartaient l'étalon de robe foncée de la reproduction et, en même temps, toute concurrence de la part de la consommation de luxe dans l'achat des chevaux indigènes prêts au service. La robe foncée disparut donc presque entièrement de certaines contrées. *La race noire de l'Armorique devint grise.* Mais aujourd'hui que les chemins de fer ont supprimé le service des diligences et anéanti son monopole, la robe grise doit être combattue au moyen des croisements :

1° Parce que le cheval gris, qui devient presque toujours blanc, paraît toujours sale ;

2° Parce que, pour cette raison, il n'entre pas dans la consommation de luxe qui paye le plus cher ;

3° Parce que le cheval gris, arrivé à un certain âge, est souvent atteint de *mélanoses*, infirmité dégoûtante et même dangereuse que n'ont pas les autres chevaux ;

4° Parce qu'enfin, à l'armée, le cheval gris est aujourd'hui plus que jamais, en raison de la longue portée des armes à feu, un point de mire pernicieux, et que, pour ce motif, l'administration de la guerre a raison de le faire disparaître de ses escadrons.

Ces considérations nous paraissent concluantes.

Passons maintenant aux conditions extérieures que doit présenter un bon cheval.

Les sabots d'un bon cheval ne sont jamais petits ni jamais plats. Il y faut des *talons*, et ceux-ci doivent être larges. Les talons étroits sont dits *encastelés*. C'est une maladie plus particulière aux chevaux de race laissés oisifs et négligés par la ferrure. La fourchette, alors comme étranglée, s'échauffe et se tuméfie : le cheval boite.

Le cheval au sabot plat a l'inconvénient des *bleimes* : tumeurs de la sole trop à découvert et facilement contusionnée par les rugosités pierreuses du terrain de travail ou d'exercice.

Avec de mauvais pieds, le plus beau cheval du monde ne vaut rien. Tout examen d'un cheval doit donc commencer par les *sabots*.

Les membres doivent être forts. Le moins possible, aux extrémités, de ces gros poils qui indiquent toujours une constitution plus ou moins lympathique. Des boulets solides, montrant des attaches de tendons saines et vigoureuses. Des tendons bien développés et comme séparés des canons par une espèce de rainure. Des genoux et des jarrets larges. Les muscles de l'avant-bras et de la jambe bien accusés.

Mais il ne suffit pas que le cheval ait de beaux pieds et des membres forts dans leur partie inférieure. Pour la plupart des cultivateurs, le bras, l'épaule, la cuisse, la hanche, font partie du corps. En nous plaçant à ce point de vue, nous dirons donc qui, si les jambes portent le corps, c'est *le corps qui enlève les jambes*. Il faut, par conséquent, d'autres conditions.

Le cheval est une machine à marcher, à tirer, à porter : il y faut partout l'*équilibre*.

Pour qu'il marche aisément, pour qu'il soit puissant au travail dans tous les emplois, il lui faut donc aussi :

L'*épaule grande*, bien accusée en avant à son intersection avec le bras, et bien musclée en arrière;

La *poitrine profonde et large ;*

La *hanche longue*, pour que ses mouvements correspondent à ceux de l'épaule et que l'arrière-main ne soit pas traîné par l'avant-main. Cuisses puissantes, épaisses, *bien descendues ;*

Le coude et la rotule *sur la ligne horizontale ;*

Le dos court, *rein musclé, large et soutenu.*

Avec ces conditions, si les membres sont d'aplomb

et sans tares, à moins d'infirmités intérieures, nous avons un vrai cheval.

Si l'encolure est haute, la tête belle, le port de queue élégant, en quittant la charrue à quatre ou cinq ans, il sera cheval de haut luxe et de haute valeur.

Si l'encolure est moyenne, il sera cheval des services rapides et élégants dans les grandes villes; cheval de luxe de province; cheval de cuirassier, de gendarme, ou de dragon, ou d'artillerie légère; cheval *à deux fins*, propre au tilbury et à la selle, pour la route et la chasse, et, enfin, cheval toujours bien vendu, parce qu'il est toujours recherché.

S'il reste aux travaux de la ferme, il travaillera plus vite, deviendra *aussi gros* et durera plus longtemps que l'animal inférieur *sans consommer davantage.*

Mais après les détails physiques du beau et bon cheval, il est utile de signaler les conséquences de certaines défectuosités que le cultivateur doit connaître.

L'œil ne doit pas chercher la poitrine au poitrail. Si l'épaule est forte et si le poitrail n'est pas *enfoncé*, il doit s'y présenter une certaine largeur, et il y a souvent dans cette partie, chez les chevaux communs et gras surtout, un fort développement adipeux qui ne prouve absolument rien en fait de capacité thoracique. Un cheval au poitrail large peut avoir petite poitrine ; conséquence : petite santé, petite vigueur, courte existence.

Ce qu'il faut surtout examiner, c'est l'*ampleur au sanglage* et la distance d'un coude à l'autre.

Aussi brillant et aussi gros soit-il d'ailleurs, n'ayons pas confiance dans un cheval qui n'a besoin que d'un surfaix court.

Le cheval dont le poitrail est enfoncé, « fuis-le comme la peste (1). » Ses épaules n'ont pas de jeu.

La belle épaule accompagne ordinairement la grande poitrine ; mais il y a des exceptions. L'épaule peut *paraître* droite si elle est faible et si ses muscles manquent de développement. Alors, la dossière comme la selle se portent vers le garrot, les sangles vers les ars, le cheval peut se blesser, et se trouve aussi, par le manque de liberté de l'avant-main, plus exposé à butter.

La hanche doit être longue, mais elle doit aussi être assez large. Si elle est trop étroite, son articula-

---

(1) Général DAUMAS, *Principes du Cavalier arabe.*

tion avec la cuisse peut manquer de solidité. Au moindre effort, et même au pas, les membres postérieurs *flageolent.*

Ce grave défaut de flageoler peut venir aussi de la faiblesse des muscles de la cuisse, qui, lorsqu'elle est *plate*, n'a pas de puissance.

Quant à la partie inférieure des membres, il faut se défier des tares osseuses, mais sans exagération.

Une grosseur sur le paturon peut être une *forme.* Alors, le cheval boite. Cette tare, heureusement assez rare, est la plus dangereuse. Mais ne pas prendre pour un indice de cette infirmité ce qui n'est quelquefois que l'articulation un peu prononcée du paturon avec la couronne, et qui ne se manifeste que légèrement et de chaque côté des quatre membres.

Le tendon en arrière du canon postérieur doit, vu de profil, se montrer libre dans toute sa longueur. Si l'éminence osseuse de la partie inférieure et extérieure du jarret semble se prolonger de manière à serrer ce tendon ou à paraître le dépasser, il y a *jarde.*

En dedans du jarret peuvent se montrer la *courbe* et l'*éparvin.*

La *courbe* est aussi assez rare. Lorsqu'elle existe, son siége est à la partie supérieure de l'articulation qu'elle rend presque toujours assez difforme pour ne point échapper à l'œil le moins expérimenté.

Quant à l'*éparvin*, qui se montre à la partie inférieure du jarret, trop de personnes en voient où il n'y en a pas et en achètent sans s'en douter.

Ne cherchons point l'éparvin en regardant entre les jambes de devant pour voir, en dedans des jarrets et à la partie inférieure de la malléole, un développement quelquefois un peu fort, mais qui n'a rien d'anormal si les jarrets sont égaux. Loin d'être un vice, ceci, chez le poulain surtout, peut être une qualité : les jarrets trop plats manquent de force.

L'éparvin dangereux se voit en se plaçant *en dehors*, à un mètre environ de l'encolure du cheval. Si, de là, nous voyons le moindre nœud en avant ou sous la veine saphène dans le pli du jarret, c'est-à-dire : — vers sa face interne, touchons du doigt, en faisant par précaution lever le pied de devant du même côté. — Si ce n'est pas le résultat d'une contusion qui peut guérir, — et celle-ci peut être à dessein simulée, — c'est une tumeur osseuse qui fera boiter.

Malgré ces tares, qui, le plus souvent, n'ont qu'une origine accidentelle, un cheval bon d'ailleurs dans son ensemble peut faire un long service de trait au pas. Mais on doit pourtant se défier de leur tendance à se reproduire par hérédité.

Les chevaux communs y sont plus sujets que les chevaux de race. On s'en aperçoit moins lorsqu'on ne s'en sert pas aux allures vives

Quant aux *suros* qui se montrent quelquefois sur les canons antérieurs, ils n'ont d'inconvénient que s'ils gênent le mouvement d'un tendon, ce qui se manifeste alors par un certain gonflement des tissus adjacents, ou s'ils proviennent de *mémarchure*. Sinon, ils n'ont qu'une cause accidentelle fortuite et ils finissent par disparaître.

Les vices d'aplombs se voient d'un coup d'œil.

En première ligne, nous indiquerons les genoux creux, dits *genoux de mouton*, dont la face antérieure se trouve rejetée en arrière de la perpendicularité du membre. Ce vice est particulier aux sujets qui ont été élevés par un pacage constant sur des surfaces mouillées. Il est habituellement accompagné du sabot plat. Il provient de l'allongement des tendons sous le poids du corps toujours en avant par le position de la tête basse, et du relâchement des tissus par une autre cause que nous indiquerons plus loin. Un cheval aux genoux creux est toujours lourd et peu solide à la selle. Il en est de même du cheval aux genoux rapprochés et dits *genoux de bœuf*, qui, presque toujours, *billarde* en dehors et se berce des épaules.

Viennent ensuite les jarrets *clos*. Les canons postérieurs sont dirigés d'arrière en avant et, quelquefois, du devant vers le dehors. Alors, le cheval est *clos* et *crochard*. Ce vice, moins grave que le précédent, mais qui donne au sujet une tournure disgracieuse, vient d'un travail précoce sur des pentes rapides. Le cheval peut être solide. Mais souvent aussi, il présente en même temps le rein voussé, ou bien, au lieu d'être clos et *panard* du derrière, il est clos et *cagneux*, c'est-à-dire : rapproche ses sabots, les pinces vers le dedans, en même temps qu'il écarte les jarrets, et il *flageole* : les deux cas sont indices graves de faiblesse de l'arrière-main.

Si les paturons, quelquefois un peu longs, sont trop inclinés, le cheval est dit, du devant, *brassicourt*, et *campé* du derrière, c'est-à-dire : a les genoux comme fléchis en avant et les canons postérieurs dirigés vers l'arrière pour retrouver la ligne d'aplomb dans l'appui régulier du sabot sur le sol. Les boulets fatiguent alors beaucoup et l'animal ne dure pas longtemps.

Si cette fausse direction des canons existe avec

des paturons suffisamment soutenus pour être forts, c'est qu'il y a douleur dans les talons ou fatigue prématurée des boulets par le déplacement d'équilibre dont nous dirons tout à l'heure la cause trop répandue et trop ignorée. Alors, quant aux membres antérieurs, le genou tremble; le cheval est dit *arqué*. Du derrière, il est *pinçard*. S'il est de bonne nature, il peut rendre des services, mais il n'a plus de place qu'au collier pour le travail au pas.

Le cheval peut encore être *cagneux* ou *panard* des membres antérieurs.

Le cheval cagneux se place et marche les pinces dirigées *vers le dedans* et les talons *vers le dehors*. Le plus souvent, il n'y a qu'un des membres antérieurs qui présente cette défectuosité, dont l'origine est, généralement, la *traîne* d'un lourd billot d'entrave auquel le poulain a été soumis dans sa jeunesse pour l'empêcher de franchir des clôtures négligées qu'il eût été plus économique de réparer. Aux allures vives, ce cheval est peu solide, parce que le pied et les articulations de la couronne et du boulet portent à faux. Au trot, parfois il billarde *en dedans*, de manière à toucher du sabot le canon du membre opposé : ce qui augmente encore ses risques de chute.

Le cheval *panard*, au contraire, tourne les pinces

vers le dehors et les talons vers le dedans. Il est plus solide que le cheval cagneux. Pourtant, lorsqu'il y a excès de *panardise*, il lui arrive de se toucher et de se blesser aux boulets aussi par *mémarchure*. Cette défectuosité provient de ce que les coudes serrent trop la poitrine qu'ils semblent *étayer*. Cette conformation disgracieuse est plus particulière aux chevaux des contrées pauvres, où ils ne reçoivent qu'une alimentation insuffisante en même temps qu'ils sont prématurément soumis à un travail de selle ou de bât qui dépasse leurs forces.

Comme il ne s'agit ici que d'élevage, nous croyons inutile de parler des tumeurs molles qui s'appellent *molettes* et *vessigons*, que tout le monde connaît, et qui ne sont que le résultat d'un travail forcé ou au-dessus des moyens de l'animal trop généreux.

Mais après cette série de tares osseuses et de vices d'aplombs qui ont si longtemps fait le désespoir des éleveurs les plus dévoués, qu'il nous soit permis de dire que, généralement, l'origine de ces défectuosités ne tient à aucune influence mystérieuse non plus qu'à la nature du cheval, mais bien plutôt à certains détails d'élevage qu'il est facile de modifier avantageusement sans plus d'embarras ni de dépense.

Pour résumer la question d'aplombs et d'équilibre,

nous dirons qu'au repos et *placé*, le bon et beau cheval, vu de face ou de profil, présente ses canons antérieurs et postérieurs *dans la ligne perpendiculaire.*

Sans arriver à cette perfection, un cheval peut néanmoins avoir de la qualité, mais il est désirable qu'il s'en rapproche le plus possible.

Mais la condition la plus indispensable au bon cheval, c'est, nous le répétons, le dos court : rein large et soutenu.

« Court cheval, longue jument, » dit-on ! Longue d'encolure, longue d'épaules, longue de hanches, oui ; mais jamais longue de dos. Une condition de faiblesse ne peut être favorable pour faire de bons poulains.

« Le dos court, » dit aussi Jacques Bujault, en parlant de la bonne mulassière.

« Lorsque la croupe est aussi longue que le dos et le rein réunis, *c'est une bénédiction,* » nous dit également M. le général Daumas dans ses *Principes du Cavalier arabe.*

On a accusé longtemps le cheval court de rein d'avoir les allures dures au cavalier. C'était une erreur. Le cheval au dos court, au rein puissant, n'a les allures dures que lorsqu'il a souffert du manque d'équilibre, malheureusement trop fréquent, dont nous parlerons dans le chapitre suivant.

Considérons le cheval d'abord à la voiture. S'il a le dos court et le rein musclé, tout lui est facile. Vigoureux à la montée, il a le pied sûr à la descente. Il marche sans fatigue. S'il trotte, il semble que ses pieds touchent à peine le sol. Comparé aux chevaux ordinaires, qui sont généralement devenus trop longs, ce qu'il peut faire est parfois traité de fabuleux. D'où lui vient cette puissance? si ce n'est de sa colonne vertébrale, plus forte parce que ses vertèbres sont plus larges, plus serrées, plus soutenues, et de la vigueur de ses muscles lombaires, qui sont aussi plus gros et plus courts. Que ce cheval ait grande poitrine, il se nourrit bien, n'est point malade et il dure longtemps. Même défectueux de membres, il ne tombe pas; le rein le soutient s'il commet une faute. Lorsque ses membres sont bons, c'est un trésor.

Considérons maintenant, à la selle comme à la voiture, un autre cheval possédant même les autres bonnes conditions de jambes, d'épaules, de hanches et de poitrine, mais long de dos, et, par suite, évidé de rein : à l'un comme à l'autre de ces deux services, la moindre charge lui est lourde. Faible à la montée, la descente lui est un supplice. S'il fait un faux pas, les muscles de la croupe, trop loin de l'arrière-main, sont impuissants à le soutenir, et il se relève *couronné*. S'il a assez d'énergie pour éviter ce déshonneur, il ne s'en use pas moins plus vite. Son rein se vousse ; la dossière comme la selle le blessent souvent, et, comme ce qui manque de soutien dans la colonne vertébrale et les muscles lombaires nécessite une contraction plus énergique des extrémités, celles-ci se ruinent promptement. S'il est monté, un cheval au long dos n'a pas de moyens. Ses mouvements sont lents, lourds, saccadés, rudes au cavalier. Il ne peut tourner qu'en décrivant un grand cercle. Il ne peut arrêter court ni partir franchement de pied ferme. Les changements de pied au galop lui sont difficiles et même dangereux.

Abordons l'obstacle le plus léger avec un cheval long de dos, au *rein mal attaché*. Il tâche d'enjamber, il rampe pour gravir s'il est courageux, mais il se refuse à sauter.

« Ce n'est pas avec ses jambes seulement qu'un cheval saute, » nous disait un jour un amateur très-éclairé du steeple-chase, « c'est surtout avec son dos. » Cela est vrai ; pour bien sauter, il faut que le cheval trouve *des ailes* dans la vigueur des muscles lombaires.

Ceci est la raison de l'utilité des courses d'obstacles, surtout comme épreuve des sujets destinés à devenir étalons.

Écoutons passer, dans l'usage ordinaire, deux chevaux de même poids, de même taille, et, si l'on veut, de même race. L'un est court de dos, l'autre est long : nous pouvons les distinguer *sans les voir*. Le premier est déjà près de nous, nous l'entendons à peine ; l'autre est encore au bout de la rue, que nous nous écartons pour lui livrer passage. A celui-ci, qui ne frappe si fort de ses sabots que parce qu'il manque de soutien dans les muscles lombaires, les *molettes* et les *vessigons* viendront vite.

Il n'y a qu'un bon cheval, et rien non plus n'est plus faux qu'un cheval de selle doive être un cheval mince. « Choisis large et achète (1) », dit le cavalier arabe. Les bonnes conditions du cheval de trait sont donc aussi des conditions essentielles pour le cheval de selle. A celui-ci, il faut de l'encolure : c'est le bras de levier du mouvement ; de sa longueur dépend la vitesse. Mais l'encolure ne suffit pas pour que le cheval soit brillant, gracieux une fois monté, et pour que le cavalier soit à son aise.

(1) Général Daumas, *Principes du Cavalier arabe.*

Tout le monde peut, sans le monter et même sans le voir monté, juger de l'aptitude d'un cheval à la selle. Nous supposons qu'il a de bons pieds, de bonnes jambes et point d'infirmités intérieures. Examinons son ensemble : le dos est court, le rein large et soutenu, la poitrine ample, le haut de l'épaule, bien musclé, se prolonge en arrière et *cherche la hanche*, comme disent les maquignons. Les sangles ne glisseront point en avant vers les coudes, et la selle restera à sa place sans tirer sur la croupière. Pour nous assurer mieux, figurons-nous, enfin, que le le cavalier est à cheval, la jambe placée naturellement et le pied à l'étrier : le genou du cavalier doit laisser à découvert toute l'épaule du cheval. Tout ce que l'on peut recommander à propos de l'avant-main se résume dans cette condition : *le genou de l'homme loin de l'épaule du cheval.*

Avec une croupe puissante et de bons jarrets, le cheval est alors toujours agréable, gracieux. Libre de l'avant-main et soutenu par un rein solide, son pied sera sûr. S'il a de la race, et eût-il même l'encolure un peu courte, une fois monté il est élégant de sa puissance et il se grandit de tout ce que le garrot libre de la selle ajoute à la hauteur de l'avant-main. Enfin, sur son dos, *on a devant soi*. A la route, il a du fond ; au manége, il est maniable. Quoique gros, il est léger. S'il est petit, c'est le poney ; s'il est grand, c'est l'ancien destrier, fort et souple pour la guerre, et, aujourd'hui, puissant et brillant pour le carrosse.

C'est ce cheval qu'il faut à tout le monde et que le commerce cherche partout. Il travaille à la ferme mieux que la bête inférieure et *ne mange pas davantage*, — point de départ de tous les calculs du cultivateur intelligent.

Malheureusement, apprécier un beau et bon cheval et savoir le faire sont deux choses distinctes qui, pendant trop longtemps, ne se sont pas rencontrées assez généralement réunies. Pour la première, il suffit de la vue et de l'usage. La seconde nécessite la connaissance de certains détails, qui, quoique simples, ont besoin d'être enseignés.

On a dit avec raison : « L'étalon et la jument font le poulain, l'éleveur fait le cheval. » On eût pu dire avec autant de justesse que, trop souvent, *l'éleveur défait le cheval.* Car il est un double principe qui s'impose impérieusement dans cette question et qui n'a été généralement jusqu'ici satisfait que de hasard : c'est que, pour fonctionner et durer dans toute la plénitude du but de sa création, toute machine, animée comme insensible, réclame son *équilibre*, et qu'on ne saurait la construire qu'imparfaitement *sans la totalité des matériaux nécessaires.*

C'est par ces deux points, que nous appellerons *primordiaux* en fait d'élevage, et dont l'inobservance a été cause de tant de mécomptes décourageants, que nous allons commencer notre démonstration, en nous appuyant surtout d'exemples qui sont à la portée de tous les cultivateurs.

CHAPITRE II

DE L'INFLUENCE DES DISPOSITIONS DE L'ÉCURIE SUR LA CONFORMATION DES ÉLÈVES

Le cheval, instrument de gloire, ou de labeur, ou de plaisir de l'homme, doit être élevé comme l'homme. Chez l'un comme chez l'autre, c'est l'exercice de jeunesse, le travail bien ménagé, qui développent la force en activant les fonctions vitales et la circulation du sang qui portent dans toute l'économie animale les matériaux nécessaires à son développement solide. Le travail, léger d'abord, lentement gradué à la herse, à la charrue et à la selle, ne peut donc que favoriser le meilleur avenir du poulain, et l'harmonie de structure qu'il peut tenir de l'étalon améliorateur ne saurait être compromise par cet exercice salutaire.

Cette question de travail du poulain, qui doit ainsi indemniser son maître d'une partie de ses frais d'alimentation, n'est pas moins importante au point de vue de l'économie politique qu'au point de vue de l'économie rurale. Elle renferme l'excellente condition, que le sujet d'espèce distinguée arrive de bonne heure à la solidité de complexion indispensable au cheval de guerre, en même temps qu'à la docilité qu'exigent les mœurs agricoles et la consommation du cheval de luxe. Mais il nous faut encore convenir d'un fait : c'est que le cultivateur a été jusqu'ici presque toujours inhabile à mener à bien un poulain de race qu'il a fait travailler. Défectuosités de conformation, tares des articulations des membres, fatigue précoce des extrémités, difficultés de caractère, ont trop souvent compromis le succès tenté par l'éleveur.

Tout effet a un cause Ici, il y en a plusieurs, mais elles ne sont point dans le travail. L'origine principale de cet insuccès se trouve dans l'écurie.

Chez trop de cultivateurs, le poulain, dès le sevrage, est attaché et reste à l'écurie absolument sans sortir. Trop souvent l'écurie est basse, l'air y manque. Par crainte des mouches pendant l'été (1) et du froid pendant l'hiver, on y supprime toute ouverture et toute lumière, et, sous prétexte d'une propreté souvent absente, le sol, presque toujours pavé plus ou moins grossièrement, est fortement incliné d'*avant en arrière*, dans le but, dit-on, de faciliter l'écoulement des urines.

Il y a là non-seulement une cause de dégénérescence de l'espèce chevaline à propos d'énergie et de longévité, mais aussi la véritable origine de cette conformation grossière qui distingue d'une manière si uniforme et si regrettable la plupart des races de nos contrées de labour.

La science indique, et tout cultivateur peut s'ex-

---

(1) Les mouches entrent surtout dans l'écurie lorsque les rayons du soleil y pénètrent. On peut, alors, masquer les ouvertures par une toile claire et grossière qui flotte et laisse passer l'air, modère l'excès de lumière et empêche l'entrée des grosses mouches, des taons, véritable tourment des chevaux, mais qui ne pénètrent pas dans les locaux tant soit peu sombres. Quant aux mouches ordinaires, il n'est pas mauvais que le poulain s'y habitue, afin d'être, plus tard, plus patient lorsqu'il devra les souffrir pendant le travail.

pliquer, en se prenant *lui-même* pour point de comparaison, tout ce que produit de fâcheux sur l'économie animale le manque d'air, l'infection et l'obscurité, ainsi que la stabulation trop prolongée, qui empêchent les parties du corps destinées à être plus tard les plus éprouvées par le travail d'attirer à elles les substances nécessaires à leur meilleur développement. La vérité est connue sur ce point. Beaucoup d'écuries ont été améliorées. La nécessité du parcours pour le poulain est une nécessité également reconnue, du moins en théorie. Mais il n'a pas été jusqu'ici assez tenu compte, même dans la plupart de nos meilleurs auteurs hippiques, de l'effet pernicieux de la déclivité du sol ou du pavé des écuries, déclivité que l'on rencontre même jusque dans les écuries de maître.

L'erreur à ce sujet est encore tellement générale et grande, que l'on entend tous les jours citer comme *modèles* les écuries des marchands, qui sont ainsi disposées dans le but de faire « paraître les chevaux d'une manière plus avantageuse. »

Ce moyen de « faire paraître », qui consiste à *hausser les pieds de devant pour montrer plus de garrot*, tend, au contraire, et nous allons le démontrer, à détruire chez le poulain ce que l'on prétend particulièrement exhiber dans le cheval fait.

« *Etablir l'équilibre*, voilà ce que les écuyers « modernes cherchent avec tant d'étude dans le « cheval mis en mouvement. La même pensée doit « occuper l'éleveur dans la fabrication du cheval de « selle. »

Ainsi s'exprimait naguère M. Ch. de Sourdeval; mais il conseillait seulement de rechercher cet équilibre par le croisement des races, en oubliant que, de temps immémorial, le meilleur effet du croisement a été détruit sous ce rapport par la déclivité du sol de l'écurie.

En effet, que le poulain ou le cheval soit debout ou couché, pour que l'harmonie de sa structure ne soit pas troublée par le manque d'équilibre, *le sol doit être horizontal.*

Pour mieux le prouver, voyons les conséquences de l'habitude contraire.

Sur un sol incliné d'avant en arrière, — et il n'est pas rare de rencontrer dans certaines écuries de ferme ou d'auberge cette déclivité poussée jusqu'à 4 et même 5 centimètres par mètre, — le poulain doit forcément prendre et conserver la même attitude que *lorsqu'il monte une côte.*

« Qu'aimes-tu mieux, demandait-on au cheval, de « de la montée ou de la descente? »

Le cheval répondit :

« *Que Dieu maudisse leur point de rencontre* (1). »

Dans cette attitude de la *montée permanente* sur le sol incliné de l'écurie, le poulain a tout le poids du corps sur les épaules et les membres antérieurs; l'encolure est baissée et le nez porté en avant (2); les muscles du dos ainsi que les ligaments de la colonne vertébrale *tirent* sur l'arrière-main qui ne porte rien, mais qui *étaye* en quelque sorte l'avant-main par la contraction peu visible mais réelle des mus-

---

(1) Général Daumas, *Principes du Cavalier arabe.*

(2) Il existe aussi une mauvaise habitude trop générale, contre laquelle on ne saurait assez prémunir l'éleveur et le consommateur : c'est celle de serrer la sous-gorge. Que le cheval soit au repos ou au travail, la sous-gorge n'a d'autre utilité que d'empêcher qu'il s'ôte lui-même son licol ou sa bride, et c'est en la serrant trop qu'on lui donne davantage l'envie de s'en débarrasser. Cette envie peut aussi provenir de ce que le dessus de la tête est presque toujours trop large et lui tourmente le bas de l'oreille. Dans tous les cas, la sous-gorge serrée gêne la respiration et porte aussi le cheval à tendre le nez en avant d'une manière disgracieuse et qui l'empêche même quelquefois de voir le terrain qu'il foule. De là, moins de moyens et d'élégance chez l'animal, et danger pour l'homme qui l'emploie.

cles des fesses, l'avalement de la croupe, la tension des jarrets et le redressement des paturons postérieurs, les pinces cherchant un point de *cramponnement* entre deux pavés chaque fois que le cheval lève la tête vers le râtelier.

On peut aussi remarquer que les chevaux de race surtout, lorsqu'ils sont dans cette position, tirent d'abord avec énergie le fourrage du râtelier pour le faire tomber sur la mangeoire ou à terre, afin, sans doute, de le manger ensuite avec plus d'aisance.

Supposons maintenant que, de lassitude, le poulain se couche sur ce sol incliné, qui, le plus souvent et surtout pendant le jour, est dépourvu de litière : le poids du corps se rejette alors vers l'arrière ; mais sous ce poids, l'articulation de la hanche se retrouve placée dans le sens de l'avalement ; la tête est encore basse pour contrebalancer l'effet du sol déclive ; le même tiraillement a lieu dans la région lombaire ; et, lorsqu'il s'agit du lever, le devant ayant à se dresser d'abord sur un sol fuyant sous l'arrière, il y a nécessité d'un effort tellement pénible, que cette disposition des écuries peut aussi être la cause de bien des accidents graves qui arrivent aux juments pleines et de la stérilité qui affecte trop généralement celles de nos contrées de labour.

On peut observer aussi que le poulain, dès qu'il le peut, se place alors parallèlement à la mangeoire. Mais le plus souvent il ne le peut pas : l'intervalle est étroit et les séparations sont fixes.

Chez le poulain, la ressemblance procède du père. « *La jument n'est qu'un sac d'où l'on retire de l'or si « on a mis de l'or, et du plomb si on n'y a mis que du « plomb* (1). » En tenant compte de ce que cette affirmation d'Abd-el-Kader peut avoir de trop absolu, on voit néanmoins qu'en naissant, le poulain ressemble à peu près à l'étalon qui l'a procréé. Mais dans la première période de l'âge, sa structure est d'autant plus *malléable* qu'il est de forte race. Voici donc la modification profonde, irrémédiable qu'opère sur sa conformation cette déclivité du sol de l'écurie, lorsque, comme dans certaines contrées, les poulains la subissent pendant des saisons entières et même *pendant des années :*

L'encolure, qui jusqu'au sevrage était haute, bien sortie et promettait une certaine élégance, s'est affaissée, empâtée et reste courte. La tête, toujours basse, s'est chargée de ganache et semble être *pla-*

---

(1) Général DAUMAS, *Les chevaux du Sahara et les mœurs du désert.*

quée : elle ne se ramène plus. L'épaule a pris de l'épaisseur, mais chargée constamment de tout le poids du corps, elle s'est redressée sans s'allonger et manque de mouvement. La croissance, arrêtée ou ralentie dans l'avant-main, s'est faite d'abord dans l'arrière-main, *comme pour rétablir ainsi l'équilibre de l'animal sur le sol incliné*, et, lorsque celui-ci est replacé sur un sol horizontal, le garrot est dominé par la croupe. Les muscles de celle-ci, qui, dans le jeune âge, ont constamment travaillé à soutenir un équilibre contre nature, alors que les autres parties du corps sont restées oisives, ont acquis un développement anormal en condamnant à l'avalement les hanches et la partie postérieure de la colonne vertébrale sur laquelle ils s'appuient, tandis que les muscles de la jambe ne présentent que peu de largeur et peu de puissance. Les jarrets sont étroits, inflexibles, *manquent de chasse*, et les extrémités, les sabots, ayant toujours été faussés dans leur appui, le sujet est droit-jointé du devant et *pinçard* du derrière.

C'est ainsi que le poulain, même d'origine carrossière par son père et par sa mère, se trouve plus tard *moulé* en cheval seulement propre au tirage lent...

Et les défectuosités acquises de la sorte se transmettant par hérédité, surtout de la plupart des étalons de l'industrie privée, qui ont le triste privilége de rester plus que la jument enfermés à l'écurie, en même temps que la *cause locale* reste permanente sur les générations qui peuvent suivre sans renouvellement de croisement avec une race aux belles et solides proportions, on arrive promptement à la croupe double, à la hanche complétement avalée et à l'excès des autres laideurs et faiblesses dans le dos, dans l'avant main et dans les membres.

Mais lorsqu'il s'agit de relever, par l'action de l'étalon énergique et bien conformé, la race ainsi dégradée des qualités solides et brillantes qu'elle devrait posséder, qu'arrive-t-il encore ?

C'est ici où nous trouvons une des causes majeures de nos trop longues polémiques à propos de l'amélioration chevaline.

Si le poulain a beaucoup *de sang*, c'est-à-dire si la fibre est chez lui assez *dense* pour résister à l'action contre nature imprimée par le manque d'équilibre, il dépense, dans cette lutte sans relâche contre la déclivité du sol et par l'excitation nerveuse qui en résulte, une part de l'alimentation qui devrait profiter à sa croissance ; il souffre en même temps qu'il s'étiole par la stabulation, et il présente bientôt ce décousu de conformation et un cachet de maigreur et de tristesse qui déprécient sa valeur de vente. De là, pendant trop longtemps, l'éloignement regrettable des contrées de labour, à propos surtout de l'étalon de sang anglais et de ses dérivés, dont les produits aux lignes plus accentuées, plus longues dans les rayons supérieurs des membres, se prètent encore plus difficilement à la transformation *orthopédique* que ceux plus raccourcis du sang arabe.

Dans certaines contrées pastorales, où les poulains ne sont rentrés que pendant la saison d'hiver, il n'est pas rare non plus de rencontrer, même exagérée, cette déclivité du sol de l'écurie dont le prétexte est la pénurie de litière, pénurie toute naturelle dans les pays d'herbages. Aussi, à partir du sevrage, les races de ces contrées *croissent*, dit-on, *en deux fois,* c'est-à-dire alternativement du derrière et du devant. On a pu croire, pendant trop longtemps, que ce phénomène résulte d'une loi de nature particulière à ces races, lorsqu'au contraire, on peut remarquer que le derrière s'élève pendant l'hiver, période passée sur le sol incliné de l'écurie, et le devant pendant l'été, grâce à la liberté dans le parcours.

Lorsque, dans ces contrées qui ont eu jusqu'ici le monopole de la fabrication du cheval de selle plus ou moins imparfait, on nous présente un sujet d'un certain degré de race avec l'encolure fausse, *en flèche*, l'épaule *droite*, la croupe élevée et peu de moyens des jarrets, soyons sûrs qu'il a recueilli dans sa jeunesse ces défectuosités des dispositions vicieuses de son écurie. C'est également la même cause qui rend si promptement *bouletés*, roides de rein et pesant à la main comme chevaux de selle, les sujets de race élevés jusqu'à toute leur croissance dans de bonnes conditions d'équilibre, — en liberté ou en box par exemple, — et auxquels on fait subir ce manque d'aplomb à l'écurie, *cette fatigue permanente au lieu de repos*, à partir du moment où on les fait travailler.

Tout cavalier sera frappé de cet effet en plaçant alternativement en box et à l'écurie sur le sol incliné le cheval qu'il a l'habitude de monter.

Ici, nous n'inventons rien ; nous ne faisons que développer l'opinion de savants hippologues, que nous trouvons à l'appui de notre expérience. La nécessité de l'horizontalité du sol de l'écurie est sous-entendue dans M. de Saint-Ange, lorsque, après avoir parlé de la pente qu'il tolère à regret dans les écuries militaires, il dit que « certains chevaux perdent à « l'écurie leur gaieté, leur appétit, qui reparaissent

« immédiatement si on les met en box (1). » Elle l'est également dans Vallon qui veut, « lorsque la litière est permanente, que le sol soit horizontal (2). »

Sans vouloir, ainsi que nous l'avons dit, faire ici la moindre érudition, il peut paraître intéressant, sinon utile, de comparer à ce sujet les traductions de Xénophon, par Paul-Louis Courier et par M. le baron de Curnieu.

Paul-Louis Courier, adaptant le texte grec à l'usage immémorial que nous déplorons, veut que Xénophon, après avoir indiqué l'extrême fatigue et les accidents graves qui peuvent résulter pour les membres du poulain de marcher sur un terrain dur (3), ait dit ensuite que : « le sol de l'écurie doit être en pente « et pavé de pierres grosses comme le sabot du che- « val, pour que le sol ne soit pas uni... Ces écuries- « là, d'abord, durcissent la corne qui porte conti- « nuellement sur ce pavé, etc., etc. (4).

---

(1) M. de Saint-Ange, *Cours d'hippologie.*

(2) Vallon, *Cours d'hippologie.*

(3) Xénophon, *De l'Équitation*, chap. Ier et chap. IV, traduction de Paul-Louis Courier.

(4) Xénophon, *De l'Équitation,* chap. Ier et chap. IV, traduction de Paul-Louis Courier.

On sait qu'alors « durcir la corne » était utile parce que la ferrure était inconnue.

Mais M. le baron de Curnieu, puisant dans son expérience d'homme de cheval émérite la lumière nécessaire pour éviter ce contre-sens et éclairer ce que le texte grec peut avoir d'obscur, traduit ainsi :

« Une *cour* humide et unie gâte les meilleurs pieds. « Pour éviter l'humidité, il faut de la pente et, afin « que le sol ne soit pas uni, on fera un lit de pierres « enfoncées l'une à côté de l'autre et à peu près de « la grosseur du sabot. Une *cour* ainsi disposée forti- « fiera les pieds du cheval qui y sera *mené pour le « panser et après son dîner*, afin qu'il soupe avec plus « d'appétit. Le cheval se tenant là-dessus, *ce sera « comme s'il avait marché une partie de la journée sur « un terrain pierreux* (1).

Xénophon n'a donc jamais eu la pensée de prescrire pour l'écurie un sol en pente avec un lit de pierres. Il devait avoir pour règle, comme l'Arabe d'aujourd'hui, « d'établir le cheval dans un endroit plus convenable pour son repos et pour ses

---

(1) Xénophon, *De l'Équitation*, chap. iv, traduction de M. le baron de Curnieu.

aplombs (1). » Ce que Paul-Louis Courier a traduit par « écurie » ne pouvait être, ainsi que le signale M. le baron de Curnieu (2), autre chose que la cour ou bien ce que nous appelons *parcours* : le *paddock* des Anglais.

Qui sait pourtant si cette fausse traduction, que Paul-Louis Courier n'a peut-être fait lui-même que répéter, n'est pas la véritable origine de cette disposition barbare et encore trop générale de nos écuries : écueil où se sont brisées jusqu'ici bien des bonnes volontés en fait d'élevage, cause première et majeure de « la tendance si caractérisée de nos races indi- « gènes à tomber dans le commun et à arriver à « l'état d'abâtardissement le plus regrettable (3) », dès que l'on néglige les croisements améliorateurs contre lesquels des opinions consciencieuses se croyaient même fondées à protester ?

---

(1) Général DAUMAS, *Les chevaux du Sahara et les mœurs du désert.*

(2) M. le baron DE CURNIEU, note 1re du chap. IV de sa traduction de XÉNOPHON.

(3) M. Paul DU LAZ, journal *l'Océan*, 23 mai 1866. Compte rendu de l'exhibition hippique bretonne au concours régional agricole de Nantes en 1866.

« Qui peut plus peut moins. » Ce n'est point le travail qui déforme et qui ruine nos chevaux de race, dont le fond, l'énergie et la longévité sont plus considérables que chez les sujets lourds et communs : c'est, avec d'autres mauvaises conditions dont nous parlerons plus loin et qui peuvent être tout aussi facilement évitées; c'est surtout la stabulation sur le pavé *en montée permanente*, où l'équilibre naturel est rompu, où tout repos est impossible jusqu'à ce que l'élève soit arrivé *orthopédiquement* à la transformation disgracieuse et irrémédiable de sa structure.

Pour réussir dans l'élevage du cheval distingué ainsi que pour la meilleure durée du cheval de service, il faut donc d'abord *rendre son écurie convenable.*

Point n'est besoin de remplacer les anciens bâtiments par des constructions coûteuses. Elever ou enlever, s'il le faut, un plancher parfois tellement bas, que le cheval ne saurait tenir complétement la tête haute. Placer dans le même but le râtelier devant le cheval et non au-dessus de sa tête. Etablir, en arrière et à hauteur du plancher, autant que possible, les ouvertures suffisantes pour la lumière pendant le jour et qui permettront *constamment* le renouvellement de l'air pur *dont les courants doivent toujours être évités sous le ventre.* Enfin et surtout, *niveler le sol* qui n'a nullement besoin d'être pavé. Et pour rendre l'écurie plus propre que par la pente, qui laisse des flaques d'urine en fermentation en arrière des litières, placer sous ces litières, de quinze jours en quinze jours, ou plus souvent, comme on le fait en Normandie dans beaucoup de cantons d'herbages, une couche suffisante de sablon calcaire ou de terre végétale préalablement asséchée.

Alors, la paille de litière est moins humide et dure plus longtemps. Le coucher de l'animal est aisé, plus sain et plus doux. Lorsque le cheval est debout, l'ongle du sabot se repose de ce que l'appui se fait en même temps sur la sole et la fourchette comme à l'état de nature, et il en résulte *que les talons sont toujours libres.* Et les sels si fertilisants de l'urine (1), au lieu de se volatiliser et de devenir une cause d'infection dont souffrent surtout les yeux et la poitrine du cheval, se *fixent* dans cette double litière plus spongieuse, et deviennent d'un grand profit

---

(1) « L'urine, — nous dit CHOSSAT, — *Encyclopédie moderne,* « — contient les dix onzièmes de l'azote ingéré avec les ali- « ments. »

pour le champ ou la prairie qui reçoit plus tard cette terre comme engrais.

Tels sont les moyens simples, gratuits et même immédiatement profitables de faire *de la plus mauvaise masure* une excellente écurie, pour peu qu'elle soit convenablement orientée. Il est préférable que les ouvertures soient au sud ou à l'est. Le bon air, la lumière et l'aisance dans le repos favorisent alors le succès des élèves et, plus tard, la conservation des chevaux.

Lorsque l'aération de l'écurie est bien dirigée, la chaleur et le froid extérieurs ne sont jamais à craindre. Pour la chaleur, il suffit d'intercepter, comme nous l'avons dit précédemment, l'entrée des rayons du soleil et des grosses mouches. S'il fait frais et si l'animal a chaud par suite de travail, ou si le froid est par trop excessif, on peut le couvrir, mais il ne faut jamais le priver d'air pur. L'écurie, enfin, ne doit être qu'un abri contre l'intempérie. Un hangar couvert d'une simple toiture est préférable au local le plus élégant bien clos et plafonné. Seulement, nous le répétons, les courants doivent être évités, et surtout sous le ventre.

Le motif de ce surcroît de recommandation est facile à saisir. C'est sous le ventre que le cheval a le plus souvent la peau moite, sinon mouillée, et où d'autres causes le rendent aussi plus impressionnable. En plein air, lorsqu'il fait froid, il tourne le derrière au vent. C'est son instinct, parce que la nature, pour abriter ses organes les plus délicats, l'a pourvu d'une queue aux crins abondants et longs. Mais comme, sous prétexte de propreté ou d'élégance, nous supprimons une grande partie de cet abri contre les courants d'air qui lui arrivent alors entre les cuisses, sur les parties génitales et l'abdomen, le moyen d'aération de certaines écuries est au plus haut point regrettable.

En effet, on trouve dans des écuries de ferme, et surtout dans beaucoup d'écuries d'auberge qui ont au-dessus un grenier plus ou moins employé, ce vicieux système d'aération : au-dessus de la tête du cheval il existe, entre le plancher et le mur, un passage toujours ouvert, par où, aux heures des repas, on fait descendre le foin et la paille dans le râtelier. Ce moyen favorise singulièrement la paresse des garçons d'écurie et des domestiques, mais il arrive alors que, chaque fois que la porte s'ouvre et lorsqu'elle reste ouverte, le courant s'établit du bas de la porte au-dessus du râtelier et *coupe*, pour ainsi dire, *le cheval en deux* à hauteur de l'abdomen. Nous avons pu observer dans de grandes écuries ainsi disposées, ou à peu près, que les chevaux qui en sortaient malades avaient presque tous occupé les mêmes places : celles en face des portes. Cultivateurs et voyageurs ne soupçonnent pas assez cette origine d'accidents et de maladies graves dont leurs chevaux sont souvent victimes.

Lorsque, assez élevé, ce qui est trop rare, le plancher de l'écurie doit néanmoins recevoir une ouverture pour l'échappement des gaz et favoriser le renouvellement de l'air, il faut que cette ouverture longitudinale soit en haut du mur opposé à celui qui porte le râtelier. Que la porte soit de ce côté ou même dans le bout de l'écurie, le courant s'établit alors du bas en haut de ce mur et n'a plus d'inconvénient.

Lorsque la porte est placée dans un bout de l'écurie, elle doit ouvrir de manière à former paravent pour les premiers chevaux contre l'air du dehors.

Mais au lieu de diviser horizontalement ces locaux, généralement trop bas, en rez-de-chaussée, où les chevaux et le bétail étouffent, et en greniers où le fourrage se corrompt en partie sous la double influence de la toiture trop rapprochée et de l'air vicié qui s'élève de l'écurie, on peut, au contraire, par une autre disposition non plus dispendieuse de ces constructions, installer parfaitement animaux et récoltes.

Dans la plupart des cas, les bâtiments de ferme ne peuvent être très-élevés, à cause du vent qui fatigue les toitures et de l'économie qui préside à leur construction. Alors, la séparation nécessaire entre le logement des animaux et celui des récoltes doit avoir lieu au moyen d'un mur plein, s'élevant *perpendiculairement* du centre au faîte du bâtiment, qui se trouve ainsi longitudinalement partagé comme en deux hangars sous appentis. Nous avons dit, à propos d'orientation, qu'il est préférable que les ouvertures des écuries soient au sud ou à l'est. Il en est de même du logement pour tout le bétail (1). La disposition des bâtiments de ferme devrait donc toujours former, en ensemble, un angle ayant un sommet au nord-ouest. Avec la division perpendiculaire que nous venons d'indiquer, les côtés extérieurs, ouest et nord, où se font sentir les vents froids, nuisibles à la santé et au développement des animaux,

(1) Il est aussi entendu que l'emplacement de ces locaux et les matériaux de construction doivent être le plus possible exempts d'humidité.

seraient, du sol au faîte, occupés par les récoltes, le matériel, etc.; les côtés intérieurs, sud ou est, seraient aménagés pour les chevaux et le bétail, alors toujours abrités contre les courants malsains tout en profitant d'une aération parfaite.

Nous avons trouvé, sur plusieurs points déjà, cette disposition heureuse des bâtiments d'exploitation.

Du mur extérieur au grand mur intérieur, une profondeur de 5 mètres suffit pour permettre de diviser en boxs la partie réservée aux chevaux et aux poulains. Cette division a lieu, de 3^m,20 en 3^m,20, au moyen d'une cloison ou petit mur de 2 mètres à 2^m,50 de hauteur. Il n'y a pas de plancher au-dessus de ces boxs. L'air est ainsi libre du sol à la toiture à travers laquelle tamisent, pour s'échapper, les émanations animales chassées par un léger courant qui s'introduit au moyen des interstices laissés par la charpente au-dessus du mur extérieur et qui correspond à une ouverture à claire-voie dans le haut de chaque pignon.

Chaque box ou petite écurie est éclairé par un vitrage fixe placé au-dessus de la porte, consistant en six carreaux de 0^m,30 de hauteur et placés les uns à côté des autres, de manière que le bord inférieur de la toiture, prolongé à cet effet, s'interpose entre eux et l'action trop directe du soleil. La porte a 2 mètres de hauteur et son quart supérieur est à claire-voie avec un volet extérieur qui ferme par le mauvais temps. Une toile flottante s'abat sur cette claire-voie lorsqu'il n'y a lieu que de préserver l'intérieur contre l'action trop vive du soleil et contre les mouches qui tourmentent les chevaux.

Pour la plus grande commodité de la ferme, la mangeoire et le râtelier sont disposés comme dans une écurie ordinaire, de manière à faire, au besoin, de chaque box, une écurie pour deux chevaux (1). On y met, avec le cheval fait et sage, le jeune cheval qui se dresse avec lui pour la voiture; une jument pleine avancée, une poulinière avec son poulain y sont tranquilles. Deux poulains d'un an peu-

(1) Pour cette circonstance, on place dans ces boxs des chevilles pour harnais; mais les ustensiles, les autres harnais, sont dans un compartiment spécial, ainsi hors d'atteinte des caprices du poulain en liberté. Jamais non plus le fumier ne doit séjourner devant les boxs. La brouette doit le conduire immédiatement au tas commun, que l'on doit aussi toujours placer *à l'ombre* le plus possible, où il est moins exposé à se brûler. La place du fumier est donc au nord des bâtiments, c'est-à-dire du côté opposé aux animaux, d'après cette disposition que nous recommandons.

vent y passer l'hiver en liberté. C'est la place du jeune cheval qu'on prépare pour le luxe soit de selle, soit d'attelage; c'est là aussi que le cheval de travail se repose mieux après la fatigue; c'est là enfin où, avec l'aisance la plus favorable à son développement et la conservation de son élégance et de sa souplesse, l'animal a toujours l'air pur à pleine poitrine sans être exposé aux courants d'aucune sorte (1).

Ces boxs ou petites écuries sont placés à la suite les uns des autres et ouvrent sur la cour. A 4 ou 5 mètres en avant des portes une barrière longitudinale clôt un paddock commun, au terrain sec, sablé, et que la disposition des bâtiments abrite parfaitement pour la mauvaise saison. Chevaux et poulains peuvent alors être lâchés successivement au grand profit de leur avenir, de leur valeur et de leur durée (2).

---

(1) Dans le mur de séparation entre les boxs, on pratique, au-dessus des mangeoires une petite ouverture grillée, afin que le cheval seul ait, néanmoins, la compagnie de son voisin. Cela est nécessaire pour lui éviter de l'ennui et des impatiences.

(2) Une dalle reçoit les eaux de la toiture, afin que le paddock ne soit jamais inondé. Il peut être utile d'indiquer que les eaux de gouttière ne sont pas bonnes pour abreuver les chevaux.

Les mêmes dispositions ne sont pas moins avantageuses pour le bétail et peuvent, très-souvent, être facilement obtenues, même au moyen de vieux bâtiments et sans autre dépense sérieuse que celle qui sera, en quelque sorte, immédiatement couverte par la meilleure réussite et la plus-value des premiers sujets qui en profiteront.

CHAPITRE III

DE L'INFLUENCE DE LA NATURE DU SOL VÉGÉTAL SUR LA PRODUCTION FOURRAGÈRE EN VUE DU DÉVELOPPEMENT DES ÉLÈVES

On échoue souvent à vouloir faire le cheval tel qu'il nous le faut aujourd'hui, c'est-à-dire : suffisamment développé pour convenir à tous les besoins de la culture, de l'industrie, de l'armée et du commerce de luxe. Le centre de la Bretagne, le Limousin, le Midi surtout, expriment depuis longtemps cette plainte. Le gros étalon de trait n'y réussit pas, le sang arabe y fait trop petit, le sang anglais y fait trop mince, et l'on accuse celui-ci d'avoir perdu les anciennes races que l'on avait cherché à grandir et à grossir par les croisements.

Les partisans du croisement ont pu attribuer cette non-réussite à la faiblesse des juments indigènes, peut-être plus négligées de nourriture aujourd'hui que par le passé, en raison de la plus grande concurrence de l'espèce bovine qui obtient le choix du meilleur et du plus abondant fourrage, parce qu'à côté de cet insuccès dans l'élevage du cheval de prix, elle donne des bénéfices de plus en plus élevés. Mais des propriétaires dévoués au succès hippique ont importé de belles poulinières; de bonnes juments de la guerre ont été concédées ou mises en dépôt dans ces contrées; l'alimentation a été donnée *en apparence* assez abondante, et les produits ont été généralement plus coûteux qu'ils n'ont valu.

On s'est alors découragé devant une influence locale évidente et contraire au succès. Quelle est donc la nature de cette influence?

On dit, en langage de ferme, qu'on ne saurait trouver un sac plein s'il n'a été rien mis dedans.

Il est presque étonnant qu'à propos du cheval, cette logique ait échappé si longtemps à l'attention de tant d'éleveurs.

Chez le cheval, le développement osseux, point d'appui indispensable à la plus grande puissance nerveuse et musculaire, doit passer en première ligne.

Or, les os sont particulièrement composés de matière calcaire.

Nous lisons ce qui suit dans un *Traité de la physiologie humaine* (1) :

« La charpente osseuse ne peut se solidifier que « par le dépôt de matières calcaires dans la trame « cartilagineuse du squelette... Pendant la première « période de l'âge, les os sont le siége d'un travail « nutritif très-actif...; le tissu osseux, qui fixe les « sels calcaires contenus en petite quantité dans le « sang, est alors parcouru par une grande quantité « de sang. »

Nous avons dit que le cheval doit être élevé comme l'homme. Dans une alimentation plus grossière sans doute, le poulain doit trouver les substances de même origine minérale que celles qui concourent au développement de l'enfant.

Partout où, avec des conditions d'habitation et

---

(1) J. BÉCLAT, *Traité élémentaire de la physiologie humaine ;* Paris, 1859.

d'exercice convenables, l'homme vit habituellement de pain de froment, l'espèce humaine est grande et forte.

Partout où le sol végétal, apte à produire du froment, produit du fourrage artificiel ou est exploité en prairies naturelles, les espèces herbivores sont développées.

Le calcaire passe du sol à l'animal par l'intermédiaire de la plante.

Un savant agronome nous dit que « 1.000 kilogrammes de trèfle fané enlèvent au sol 15 kilogrammes 800 grammes de chaux (1). »

Ceci doit suffisamment expliquer le trop long insuccès des contrées à *terres froides* où l'on tentait d'obtenir le fort cheval sans apporter au sol des prairies l'amendement indispensable.

Pour mieux nous rendre compte de ce phénomène, dont il serait inutile de faire ici une étude plus approfondie, parcourons quelques contrées de la France où l'industrie chevaline est plus ou moins pratiquée.

Le fort cheval de trait est partout sur les bonnes terres à blé.

---

(1) M. Malaguti, *Cours de chimie agricole*; Rennes, 1856.

Or, point de calcaire dans le sol, pas de blé. Ceci était connu dès la plus haute antiquité. Le marnage était en usage dans la Gaule avant la conquête romaine.

Le Perche, le pays de Caux, le Boulonnais, sont des terres à blé.

La *plaine de Caen*, pays du grand et beau carrossier, est aussi une terre à blé.

Tel n'est point, de sa nature primitive, le sol de certaines contrées où l'herbivore est aussi de forte taille : examinons-y les détails de la pratique agricole en fait de culture et d'entretien des prairies.

Dans le département de la Manche, par exemple, le sol arable est généralement argileux, glaiseux, siliceux : *très-froid.* Sous-sol : schiste, granit ou quartz. Il produit néanmoins beaucoup, notamment dans sa partie septentrionale et occidentale, et l'on y élève, avec le meilleur succès, de beaux et forts chevaux.

Mais ces heureux résultats sont dus à l'action de la *tangue*, qui sert à amender la couche végétale.

La culture obtient alors du blé, des trèfles, sur ces terrains qui, sans cet amendement, seraient infertiles. Et les prairies naturelles des vallées de l'intérieur, mauvaises lorsqu'elles sont laissées à elles-mêmes, produisent un fourrage abondant et nutritif.

Qu'est-ce que la *tangue?*

C'est une espèce de vase que la mer rejette sur certaines plages et dans les petites baies du littoral à l'embouchure des rivières. Une fois séchée, elle a l'apparence d'un sable très-fin, gris ou blanc jaunâtre, et il s'y trouve mêlé quelques détritus de poissons et de végétaux sous-marins. Cette vase est salée, mais sa partie principale provient de coquillages brisés par les vagues contre les rochers ou entre les galets du fond de la mer. Sa puissance sur la végétation est due surtout à l'élément calcaire qui provient de ces coquillages et qu'elle contient dans la proportion de 65 à 80 p. 100 (1).

Cette ressource d'amendement, encore négligée sur beaucoup de points de nos côtes où son emploi serait également heureux, est hautement appréciée par les cultivateurs normands et du littoral du nord de la Bretagne. Son action, qui *divise les terres fortes et donne du corps aux terres légères* (2), est non-seulement très-avantageuse pour la production du blé et

---

(1) M. Malaguti, *Cours de chimie agricole*; Rennes, 1856.

(2) De Blois, *Mémoire sur les engrais maritimes dans le Finistère*, 1823.

des fourrages artificiels qui suivent dans l'assolement, mais employée en *compost*, c'est-à-dire mélangée d'abord pendant un certain temps et à deux ou trois reprises avec de la terre et du fumier, et ensuite étendue sur l'herbage, elle améliore les prairies naturelles en donnant aux graminées et aux légumineuses une puissance plus grande de végétation et plus de valeur nutritive.

Par le canal de la *Vire*, la tangue est remontée dans les terres jusqu'au-dessus de *Saint-Lô*, pour, de là, être transportée à la charrette, et souvent à de grandes distances, dans les cultures.

L'arrondissement de Coutances possède les riches tanguières de *Lessay*, de *Pont-de-la-Roque* et de *Montmartin*. Il s'y trouve de plus un gisement calcaire qui plonge dans la mer à *Régnéville* et qui est exploité par les fours à chaux de *Régnéville* et d'*Orval*. L'arrondissement d'Avranches s'alimente de l'élément calcaire au moyen de la tangue de la baie du *Mont-Saint-Michel*.

Plus on approche de ces points et plus, par conséquent, les cultivateurs ont de facilité pour se procurer cet amendement, plus les chevaux sont forts, plus le système osseux est développé. A mesure qu'on s'en éloigne, le succès est plus rare ; la taille décroît généralement ainsi que la force des membres.

L'arrondissement de Cherbourg, aux trois quarts baigné par la mer, mais où la violence des courants ne permet pas, sans doute, des dépôts aussi considérables de ce limon coquillier, n'a longtemps connu que son petit cheval de la *Hague.* L'arrondissement de Mortain, à l'extrémité opposée du département, ne présente également ses espèces herbivores qu'avec un développement inférieur.

Le département de la Manche a aussi les prairies naturelles de *Carentan* et de quelques autres points de l'arrondissement de Valognes presque au niveau de la mer qui méritent une mention spéciale. Elles ne reçoivent jamais d'engrais, et l'on y remarque la végétation la plus active et la plus puissante au point de vue du développement des animaux. Mais le sol est une alluvion tangueuse périodiquement rafraîchie par quelque grande marée d'hiver à laquelle on ouvre les écluses des digues qui protègent ces herbages pendant la bonne saison.

C'est là et dans les environs, grâce au transport de la *tangue* comme amendement, que naît et croît la belle carrossière du *Cotentin*, dont les superbes poulains vont terminer leur élevage dans les meilleures fermes de la plaine de Caen.

Examinons maintenant ce qui se passe en Bretagne.

La Bretagne n'a de roches calcaires que sous les eaux de la rade de Brest et le faible gisement de *Cartravers*, à l'ouest de la forêt de *Lorges*, dans l'arrondissement de Loudéac. Ce dernier n'est exploité que depuis peu.

Le sol végétal, argileux ou siliceux, repose, à des profondeurs variées, sur le schiste, le granit, le quartz. L'oxyde de fer se montre partout et le minerai est exploité sur divers points.

Mais la Bretagne a une longue ceinture de côtes dont les échancrures profondes reçoivent de la mer le sablon calcaire qu'on y nomme *trèz*, tangue en Normandie, et les rades de Brest et de Morlaix fournissent aussi à l'agriculture un autre sablon calcaire plus gros, le *maërl*, de forme et d'origine vermiculaire, que l'on extrait à la drague et dont on se sert également comme amendement et engrais.

Sur la côte nord, de même que sur le littoral de la basse Normandie, la population agricole transporte sans cesse ces sablons dans les cultures.

Il en résulte que cette partie du littoral breton est, comme on l'appelle, *un jardin à blé*. Ses nombreux chevaux se développent admirablement. C'est la patrie du fort cheval de trait et, sur quelques points, du carrossier.

La côte sud aurait les mêmes avantages; mais, jusqu'ici, on en a peu profité. Aussi n'y voit-on encore généralement que la petite vache pie-noire, des moutons noirs chétifs et un petit cheval sans caractère.

Tel est surtout le Morbihan, où, néanmoins, certains cultivateurs montrent la preuve que par les mêmes moyens d'amendement que sur la côte nord on y peut faire le cheval aussi développé.

Mais l'intérieur de la Bretagne n'a point les précieuses ressources du littoral ni la même douceur de température. Brusquement élevé au-dessus du niveau de la mer, sillonné en tous sens de vallées encaissées, profondes, boisé partout par des clôtures ou couvert d'ajoncs ou de bruyères sur d'immenses surfaces non cultivées et souvent marécageuses, son climat est rude, humide. Au fond de chaque pli de terrain, l'eau siphonne. A l'air tiède, pendant le jour, succèdent, la nuit, des brouillards froids, glacés, qui, dès le crépuscule, s'abattent sur toute la contrée, même pendant la bonne saison. Naguère encore, toute autre culture que celle du seigle et du sarrasin, après sept ou huit années de friche, y était ingrate. Et le foin des meilleures prairies, qui donne pourtant aux herbivores indigènes des muscles ronds, solides, et un sang très-riche, était impuissante à développer la taille et l'épaisseur de l'ossature.

Tel est le pays breton, de la crête des montagnes d'Arée jusqu'à la Loire. C'est la patrie des anciens petits chevaux de selle nommés dans le pays : *Innkané*, haquenée, bidet d'amble, que le général de la Roche-Aymon a appelés *les Cosaques de la France*. Durs comme l'acier, inépuisables de fond, mais n'arrivant qu'à la taille de 1^{m},34 à 1^{m},40.

Mais cette contrée, primitivement si infertile, a vu enfin s'ouvrir un meilleur horizon. Ses routes se sont améliorées, l'utilité de servir les intérêts agricoles en même temps qu'une question militaire maritime ont amené l'appropriation du canal de Nantes à Brest, par lequel la navigation peut aujourd'hui faire circuler les amendements et emporter les produits ; et bientôt le réseau complété des chemins de fer permettra de porter, presque sur tous les points, la fertilisation en même temps que le débouché. Les indices de ce succès sont déjà hors de doute.

En effet, la chaux d'Anjou, qui descend la Loire jusqu'à Nantes et remonte en Bretagne par la rivière d'Erdre, ainsi que le *maërl* de la rade de Brest que la navigation peut également déposer sur ses rives, sont déjà répandus dans beaucoup de cultures, et, sous l'influence de. cet amendement, « *qui change le seigle en froment et la bruyère en trèfle* (1), » il est déjà reconnu que l'ancien bidet de la Cornouaille peut se transformer en carrossier.

Là comme ailleurs, le blé comme céréale et le trèfle comme fourrage *sont l'expression du calcaire dans le sol*. En même temps que la culture a pu obtenir du blé, un assolement nouveau décuplant la totalité des récoltes a également donné des prairies artificielles admirables; une végétation de trèfle surtout, même plus puissante que celle de beaucoup d'anciennes contrées de culture; des prairies naturelles ont aussi pu recevoir cet amendement. Et, lorsque veaux ou poulains sont admis *sans intermittence* à profiter de cette amélioration fourragère, les résultats sont tout aussi satisfaisants dans cette partie de la Bretagne que dans les meilleurs cantons des environs de Saint-Lô.

Nous avons pu voir à *Trévarez*, sur le versant sep-

---

(1) M. Louis de Kerjégu, président de la Société d'agriculture de Brest et directeur de la ferme-école de Trévarez.

tentrional des montagnes Noires, des produits d'un petit étalon barbe arriver à la taille et à toute l'ampleur que l'on peut désirer chez le cheval de dragon ou de gendarme. En remontant vers l'est, *Motref*, *Castellaouénan*, *Rostrenen*, *Corlay*, *Sainte-Tréphine*, montrent également le meilleur succès par des étalons de pur sang qui, naguère encore, y étaient accusés de ne pouvoir produire des pouliches incapables de devenir poulinières.

Au centre des landes de la Loire-Inférieure, nous trouvons le même phénomène. On élève de forts chevaux de trait à l'institut agricole de *Grand-Jouan*. Sur d'autres points, à la propriété de *Lucinières* près *Nort*, par exemple, on trouve également, avec de magnifiques sujets de l'espèce bovine, des carrossiers bien développés. On y emploie la chaux dans les cultures et comme amendement des prairies.

Partout la même cause produit le même effet :

De la taille, de l'ampleur, des *membres*, dans la vallée et sur les îles de la Loire au-dessous de Nantes, dans les prairies de *Machecoul*, de *Bourgneuf*, et, dans la Vendée, sur celles de *Saint-Gervais* et de la vallée de la *Sèvre niortaise*, entre Luçon et Marans : alluvion marine de même nature que celle des prairies de *Carentan* et du littoral de l'arrondissement de *Valognes* en basse Normandie.

Même nature de sol végétal et même développement des produits dans les herbages du littoral de la Charente-Inférieure.

Même résultat dans *la plaine de la Vendée*, où le mulet acquiert aussi une ampleur solide qui fait depuis longtemps sa haute réputation. Argile sablonneuse, généralement mélangée d'une forte proportion de calcaire, et, en beaucoup d'endroits, d'*oxyde de fer ;* sol arable d'une moyenne épaisseur, reposant sur un banc de calcaire qui se reproduit dans le Bocage, aux environs de *Chantonnay*, où il est exploité par des fours à chaux qui fournissent ce fertilisant aux terres schisteuses, granitiques ou quartzeuses du centre et de l'est du département.

Dans le Bocage de la Vendée, et, au nord-est, dans celui de l'Anjou, alimenté également de l'élément calcaire par les fours à chaux du bord de la Loire, le développement se soutient admirablement chez les cultivateurs qui nourrissent leurs poulains sur les prairies artificielles obtenues après une céréale pour laquelle *le sol a reçu de la chaux*. Mais sur la plupart des prairies naturelles encore négligées d'engrais chaulé, malgré que la somme d'alimentation paraisse ne rien laisser à désirer à l'animal; malgré que mieux abrités et toujours abreuvés d'une eau excellente, souvent ferrugineuse, les poulains y paraissent mieux que dans la Plaine et dans les prairies de Luçon et de Saint-Gervais, où l'eau d'abreuvoir manque presque toujours pendant les sécheresses de l'été, ces animaux restent, dans le Bocage, plus petits, plus grêles, et deviennent, s'ils ont de la race, tout au plus assez forts pour la cavalerie légère.

A propos de *Plaine* et de *Bocage*, il est aussi remarquable que, partout où le sol est naturellement saturé de calcaire, ou bien lorsque le *marnage*, tiré du sous-sol, y peut être largement pratiqué, la culture, de temps immémorial, *a fait la plaine*, et que, partout où de grandes surfaces purement argileuses ou siliceuses ne reposent que sur le schiste, le granit, le quartz, la culture *s'est entourée de clôtures boisées.*

Cela peut s'expliquer par la *propriété d'attirer l'humidité de l'air* que possède la combinaison des calcaires avec les acides de la couche végétale. Trop abrité, le terrain saturé de calcaire, tout en convenant parfaitement aux prairies, serait trop humide pour les céréales. Sans abri, le terrain purement argileux ou siliceux devient infertile, *se brûle* pour peu qu'il donne prise au vent qui augmente l'effet de sécheresse produit par l'action du soleil.

De ce phénomène et de la comparaison des climats avec ce qui se produit en élevage dans les contrées que nous venons de parcourir, il faut donc conclure : que si, *indubitablement*, l'humidité favorise le développement des races dans notre zone tempérée, c'est, non l'humidité de l'atmosphère, mais l'humidité *que le sol peut acquérir et conserver malgré la chaleur et la sécheresse*, et dont l'élément calcaire, qui doit surtout contribuer au développement solide de l'animal, *est la cause première indispensable.*

Si nous passons à des régions moins favorisées sous le rapport de la température, comme, par exemple, le haut Limousin, l'Auvergne, le nord du Languedoc, nous y retrouvons la même *influence directe de la nature du sol.*

Productions chevaline, bovine et *même asine* petites, grêles dans tout le centre de la Corrèze et dans certaines parties du Cantal, surtout au sud d'Aurillac : atmosphère humide, pays boisé, sols argileux, glaiseux, schisteux, quartzeux ou granitiques ; beaucoup de landes, point de calcaire.

Le sol primitif du domaine de Pompadour, qui occupe un des points les plus élevés de la Corrèze, ne vaut pas mieux, mais les prairies y sont depuis longtemps entretenues au moyen du *compost chaulé* comme en Normandie.

Au nord et au nord-est d'Aurillac et dans la partie est de l'arrondissement de Mauriac, espèces herbivores d'un développement remarquable. La race bovine dite de *Salers* est d'une force et d'un ensemble de conformation admirables que l'on trouve bien défavorablement modifiées chez les sujets qui ont quitté la montagne dès le jeune âge pour descendre labourer en Corrèze. Il descend de ces hauteurs quelques chevaux mal élevés (on y produit aussi le mulet), qui prouvent qu'avec un peu de soin, à propos de l'alimentation et du logement pendant la saison rigoureuse, on y obtiendrait facilement le bon cheval d'attelage léger et de cavalerie de ligne et de réserve. Enfin, de la taille, des os, des tendons, des muscles, chez tous les animaux qui se nourrissent sur cette partie des contreforts des *puys* d'Auvergne, couverts de neige pendant sept mois de l'année; climat plus froid, plus rude qu'en Corrèze et vers le Lot; hauteur moyenne de 5 à 600 mètres de plus au-dessus du niveau de la mer, mais *sol calcaire*, souvent gypseux, terrains volcaniques.

Même phénomène dans l'Aveyron. Pendant que le sud de l'arrondissement de Rodez ne présente que des espèces chétives (sol granitique ou quartzeux), le nord nous montre sur le gisement calcaire dans lequel le *Dourdu* s'est creusé un lit si profond près de *Bozouls*, une très-belle branche de la magnifique race bovine d'*Aubrac*, qui ne le cède presque en rien aux plus fortes races des pâturages normands, et l'on peut suivre les mêmes résultats dus aux mêmes conditions géologiques, en remontant les hauteurs vers le sud-est par *Laissac*, jusque dans le canton de *Sévérac-le-Château*, qui forme le nord de l'arrondissement de Milhau.

Lorsque, comme il arrive encore trop souvent, le terrain suffisamment saturé de calcaire n'occupe qu'une faible étendue, son effet ne peut être, de prime abord, si bien apprécié sur les espèces herbivores dont l'alimentation provient alors de divers sols. Dans les contrées, par exemple, où *marne, chaux, plâtre, falun, noir animal, maërl, tangue* ou *trèz* ne sont employés qu'en vue de la production du blé, — ce dont les fourrages artificiels profitent également lorsque l'assolement leur fait suivre cette céréale,

— et où la terre purement argileuse ou siliceuse des prairies naturelles est trop laissée à sa nature primitive, le bon fourrage arrivant aux élèves plus de hasard que de méthode, ceux-ci subissent dans leur constitution des à-coups diversement favorables ou fâcheux qui détruisent tout ensemble dans la race. En fait de développement, l'homogénéité dans la race ne saurait donc exister sans l'homogénéité dans la nature du sol qui fournit l'alimentation fourragère.

Du reste, si l'on peut remarquer que l'espèce bovine indigène suit toujours, à égalité de soins, l'espèce chevaline dans son développement ou son décroissement osseux, on peut également reconnaître que la différence de décomposition du sol végétal produit une différence parfois complète dans les familles de plantes qui occupent les surfaces laissées aux seuls effets de la nature. Pendant que sur certains sommets de la Lozère, par exemple sur les *causses* des environs de Florac, où le sol végétal n'est en quelque sorte que la décomposition de la roche calcaire délitée par l'action des hivers, les petites graminées succulentes, le trèfle blanc, le sainfoin même qui y croît à l'état sauvage, fournissent un excellent pâturage aux troupeaux qui dépouillent jusqu'aux racines, sur les sols dépourvus de calcaire, même au fond des vallées abritées par les montagnes où l'irrigation provoque une végétation herbeuse assez abondante, les graminées sont de nature ligneuse, leurs tiges sont minces et rares, les légumineuses fourragères refusent de croître, et les joncs, les laîches, l'oseille rouge, l'argentine, les mousses infestent la prairie naturelle sur laquelle l'herbivore fait *gros ventre et maigre côte*, et ne peut se développer.

En un mot, ***tant vaut le sol, tant vaut la plante, tant vaut l'animal***, et, sous le rapport du volume, ce que nous voulons dans l'animal ***doit être d'abord dans le sol.***

Nous pouvons donc en conclure que de la frontière belge aux Pyrénées, la différence de climat, qui influe si peu sur le développement de l'espèce humaine aussi forte dans les provinces basques que dans nos meilleures contrées du centre et du Nord, ne peut empêcher nulle part de faire le cheval bien développé ; mais qu'au centre et au nord aussi bien qu'au midi de la France, en Normandie comme en Limousin, sur les sols dépourvus du calcaire indispensable à l'ossature animale, le grand étalon anglais ne peut produire que des *bringues*, le petit étalon arabe que des *chèvres*, et le gros étalon de trait que d'ignobles *porteurs de choux*, à moins que la misère fourragère ne soit relevée par une autre nourriture exotique dispendieuse qui met presque toujours l'éleveur en perte, même lorsqu'il réussit.

En effet, les Anglais disent avec raison que « l'a« voine grandit le devant, mais que le fourrage doit « grossir le derrière. » L'avoine provoque la fierté, l'énergie, consolide la vigueur musculaire. Alliée au bon fourrage, elle donne les résultats les plus heureux. Mais l'expérience prouve que, sans ce concours et même donnée généreusement, elle est impuissante à produire l'épaisseur désirée. Il arrive alors qu'ayant fait même un excellent cheval pour un service exceptionnel, on ne trouve pas à le vendre convenablement, parce qu'il ne convient qu'à ce service.

La taille, le volume, l'épaisseur des muscles, la force des membres, sont donc l'effet du bon fourrage qui transmet du sol à l'animal, et au meilleur marché pour l'éleveur, les matériaux indispensables au développement complet qui prépare la meilleure solidification des tissus.

Conséquemment, lorsque dans les contrées aux anciennes petites races on veut employer l'étalon plus grand, plus gros ou importer des poulinières plus fortes, il faut d'abord *croiser le sol*, c'est-à-dire, y apporter l'amendement indispensable.

Alors, le succès ne peut être douteux.

Pour bien croître, le *trèfle rouge*, par exemple, dont le rendement par hectare est aussi élevé dans le midi que dans l'ouest de la France, veut, avec l'élément calcaire indispensable, une terre assez profonde de labour et *fraîche*, c'est-à-dire bien fumée.

La *luzerne* veut le sol argilo ou silico-calcaire très-profond, à cause de sa longue racine pivotante.

La *lupuline*, que l'on conserve en fourrage sec pour les bêtes à cornes, mais qui est aussi un excellent pacage de printemps pour les poulinières et les poulains, croît très-bien sur les sols sablonneux calcaires les plus pauvres.

Le terrain crayeux le plus infertile sous d'autres rapports à cause de son excès calcaire, convient parfaitement au *sainfoin*, dont la longue racine pivotante va chercher sa substance dans les fissures de la roche à plus d'un mètre de profondeur.

Chacun sait la qualité éminemment nutritive de ces quatre légumineuses.

Le *ray-grass*, que l'on considère en Angleterre comme la meilleure graminée fourragère, veut, comme le trèfle rouge, une nature de sol propre à la production du blé, et il est considéré comme plante *épuisante* lorsqu'il précède cette céréale.

Partout, enfin, ce phénomène uniforme et logique, que les plantes qui développent le mieux l'animal sont gourmandes des sels calcaires.

La prairie naturelle la moins bonne peut donc devenir excellente aussi bien en Bretagne, en Poitou, en Limousin et dans les Pyrénées qu'en Normandie, lorsque, après avoir été nettoyée des mauvaises plantes et drainée, s'il y a lieu, pour éviter que de mauvaises eaux qui pourraient noyer la surface viennent emporter ce fertilisant, elle aura été suffisamment dosée de l'élément calcaire qui manque à son sol primitif.

Naguère encore, les conditions de notre agriculture n'auraient pu permettre un succès aussi général que celui dont nous croyons pouvoir démontrer aujourd'hui la possibilité. Le drainage était inconnu; l'amendement devait être négligé lorsqu'il ne pouvait être en quelque sorte pris sur place. Il y a seulement quarante ans, l'effet de certaines substances sur la végétation, du noir animal par exemple, était encore ignoré. Mais aujourd'hui que nos voies de communication et nos moyens de transport se sont améliorés et continuent à se multiplier ; aujourd'hui que la science a enfin porté la lumière sur les conditions d'alimentation des plantes nutritives et, conséquemment, sur la question si importante des amendements, le meilleur avenir hippique devient possible et même facile pour la plupart des contrées aux anciennes petites races si réputées, où le pacage en liberté est praticable, grâce aux clôtures boisées dont nous avons dit l'utilité à un autre point de vue, et où le *sang*, c'est-à-dire l'énergie, le fond, la longévité, se conserve supérieurement, grâce peut-être aussi à ce que le sol végétal est fortement imprégné d'*oxyde de fer*, autre minéral que la plante sait également s'approprier pour en enrichir le sang et les muscles des animaux les plus vigoureux.

On aura alors dans ces contrées plus de volume et de viande chez le bœuf, plus de revenu journalier de la laiterie, et le poulain n'indemnisera pas moins son maître des frais d'amendement, puisque quelques centimètres de plus en hauteur et en ampleur lui donneront une plus-value parfois plus considérable *que le prix entier d'un animal de l'espèce bovine du même âge et qui aura consommé tout autant* (1).

---

(1) « A deux ans, la vache vaut 150 francs, le cheval vaut

Il faut toujours revenir à ce principe agricole : *la meilleure capitalisation de la ration fourragère*. C'est ce que l'on sait parfaitement dans quelques cantons du bas Poitou et surtout de la Normandie.

---

600 fr. » M. Ch. DE SOURDEVAL *Historique de la race chevaline sur l'herbage de Saint-Gervais* (Vendée).

CHAPITRE IV

DE L'INFLUENCE DU PARCOURS EN LIBERTÉ SUR L'AVENIR DU POULAIN

On ne saurait trop recommander l'application d'un troisième principe depuis longtemps reconnu, enseigné, mais presque partout encore négligé, surtout dans les contrées de culture.

Le poulain a, comme l'enfant, nous le répétons, le besoin impérieux de se secouer par des sauts, des galopades. C'est le soleil, sa lumière, sa chaleur, le grand air, l'activité de respiration provoquée par l'exercice qui développent chez lui la force, l'énergie, la souplesse, et apportent la puissance dans la région thoracique.

Les poulains élevés à l'écurie peuvent devenir *gros*, mais ils manqueront toujours d'ampleur dans cette partie essentielle.

Or, c'est là que, chez le cheval comme chez l'homme, est le foyer de la vie, la garantie plus ou moins grande de toute durée.

Mathieu de Dombasle, dont les savants travaux ont tant servi l'agriculture, dit avec raison que « les « veaux élevés à l'étable ne deviennent jamais bons « bœufs de travail. »

Il en est de même du poulain trop tenu à l'écurie. Il y perd ses qualités robustes. Sa longévité diminue.

Mais alors, dira-t-on, le poulain *engraisse* et il est plus brillant pour la vente.

Mais aussi, répondrons-nous, le cultivateur pour *élever* et, plus tard, l'acheteur pour *user* doivent savoir : que *la graisse*, qui séduit trop de monde, n'est qu'une nourriture incomplétement assimilée qui reste dans l'animal *à l'état de poids sans donner de force*, qu'au lieu de rester sous la peau, de s'infiltrer dans les muscles qu'elle *amollit*, cette nourriture doit toute contribuer au développement des os, des tendons, de la partie fibreuse de ces mêmes muscles, de la puissance pulmonaire, de tout ce qui doit devenir fort chez le sujet, et que pour cela, il faut du mouvement, une ample activité de respiration, une *combustion* normale, enfin, dans le poumon, du résultat de la digestion.

Un poulain engraissé à l'écurie est toujours plus ou moins compromis dans son avenir. Au moindre exercice dans cet état, il n'échappe à la congestion pulmonaire qu'à la condition d'être paresseux, vice qui n'est le plus souvent qu'une sorte de précaution instinctive justifiée par la faiblesse, ou de dégénérer sous l'influence de précautions médicinales qui altèrent profondément, au préjudice de son avenir, la vigueur de sa constitution.

Un bœuf gras n'est plus bon que pour l'abattoir. Un homme engraissé à ne rien faire ne peut plus courir ni travailler sans danger pour sa vie. Le poulain engraissé à l'écurie ne vaut pas mieux.

La liberté de parcours et plus tard le travail sont donc nécessaires au poulain Chez lui comme chez l'enfant, le mouvement, le travail, augmentent la force, lui font une complexion robuste et favorisent également le meilleur développement des membres.

Le fermier, comme tout le monde et même plus que tout le monde, en a la preuve *en lui-même :* son bras droit est plus fort, *plus gros*, que son bras gauche.

Il n'appartient qu'à l'ignorance de s'extasier sur le *joli* d'un cheval qui a les jambes fines *parce qu'elles sont minces*. Une lame peut être mince sans être fine, et une autre *fine sans être mince*. C'est seulement cette dernière qui mérite la louange.

Mais le sol du parcours ne doit pas être mouillé. Ceci nous ramène au sujet à propos duquel nous avons montré Xénophon mal interprété par Paul-Louis Courier.

Il faut éviter comme parcours, surtout pour les poulains, les prairies ou landes marécageuses. Là, les sabots se déforment; ils deviennent plats. Plus tard, le cheval marchera sur la *sole* et sera exposé aux *bleimes*. L'ongle, qui devra porter le fer, n'acquiert ni épaisseur ni consistance. En outre, l'action réfrigérante de l'eau, quelquefois presque glacée, dans laquelle l'animal est souvent jusqu'au-dessus de la couronne, empêche aussi le sang de porter aux autres parties des extrémités les substances qui doivent les développer et les *solidifier*, et nous avons alors, avec le sabot évasé et l'ongle mince, le paturon et le boulet petits sous un tissu cellulaire épais d'humeurs et un poil devenu grossier. C'est encore à cette influence qu'il y a lieu d'attribuer certains vices d'aplombs des plus graves causés par le relâchement qu'elle provoque dans les tissus tendineux.

Le sol élastique de la prairie saine est parfait comme parcours. Le poulain qui suit sa mère employée au labour est aussi dans les meilleures conditions sous ce rapport.

Mais une fois arrivé à la période d'éducation au travail, le meilleur avenir du poulain réclame encore qu'il ait une part de la liberté de parcours qui lui a été donnée dans sa jeunesse. Après le travail, il faut le repos ; mais après le premier repos, un exercice aisé, le délassement, est impatiemment sollicité par l'économie animale aussi bien chez le jeune cheval que chez l'enfant adulte, et l'emploi à la charrue ou à la charrette raccourcissant des mouvements naturels qui réclament ensuite toute leur extension.

Qu'il y ait donc toujours un clos quelconque, champ, prairie ou *paddock*, au besoin, un carré de 12 à 15 mètres de côté ou la cour de la ferme peut suffire, où le cultivateur pourra, *en toutes saisons*, lâcher ses poulains, ne fût-ce que deux ou trois heures par jour, et même ses chevaux faits, lorsque ceux-ci ne travailleront pas. C'est là le secret des cultivateurs anglais, qui élèvent leurs poulains *en box avec paddock*. et dont le goût de l'équitation devient alors tout naturel, parce que leurs chevaux se conservent ainsi *également propres à la selle aussi bien qu'à la charrette* (1).

(1) William Youatt, auteur anglais, cité par l'*Argus des haras et des remontes*.

CHAPITRE V

COMMENT LE POULAIN DOIT ÊTRE CHOISI PAR L'ÉLEVEUR

Quelques semaines après la naissance, on peut reconnaître chez le poulain bien allaité les indices du développement qu'il pourra acquérir dans de bonnes conditions d'élevage.

Pour qui achète à six mois, il est déjà facile de juger.

A dix-huit mois, l'appréciation peut être presque sûre.

A cet âge, l'ensemble des proportions de la tête, de l'encolure et des parties de ce que l'on appelle *le corps* est à peu près tel qu'il devra se montrer à quatre ans, *si l'animal est bien élevé.*

Mais il n'en est pas de même des membres qui, des sabots aux coudes et aux rotules, n'ont à croître que très-peu en longueur. D'où il résulte qu'un poulain apte à arriver à une certaine hauteur de taille paraît d'autant plus haut sur jambes qu'il est plus jeune.

Les os des canons, les boulets, les paturons, les sabots, ont, comme les autres parties du corps, à se développer lentement en épaisseur. Mais les genoux et les jarrets ont un développement précoce très-marqué.

Chez les poulains de race et *bien nés*, le volume de ces articulations semble même contraster avec le premier développement des canons, au point de paraître presque anormal à l'œil inexpérimenté. Mais le connaisseur ne s'y trompe pas : c'est là où il juge de l'avenir du sujet.

Un poulain haut sur jambes doit devenir un grand cheval ; mais si ses genoux sont petits et ses jarrets étroits et plats, il sera toujours grêle de membres, de peu de force et de valeur peu élevée.

Un poulain qui présente de bonne heure l'ensemble du cheval fait n'a plus, ou que très-peu, à croître.

Comme élévation de taille, la croissance se fait donc presque entièrement dans le tronc et dans les rayons supérieurs des membres. A dix-huit mois, une ligne partant du boulet jusqu'au coude et répétée perpendiculairement du coude au-dessus du garrot indique la hauteur à laquelle le sujet doit arriver *s'il est bien né* et, nous le répétons, *s'il est élevé convenablement.*

Mais le moyen le plus sûr, à dix-huit mois et plus tard, de juger de la taille à venir, c'est encore de prendre la distance de l'os crochu, en arrière du genou, à la pointe de l'épaule, et de répéter cette distance dans la ligne oblique contraire jusqu'au-dessus du garrot, *à l'endroit où l'on toise le cheval* (1). On pourra voir, de cette manière, si le poulain n'est pas déjà condamné à rester au-dessous de l'ensemble que nous venons de dire.

Plus longtemps doit vivre l'animal, plus lentement il grandit. La croissance du cheval commun est terminée plus tôt, mais celle du cheval de race n'est achevée que vers cinq ans. Alors, les deux hauteurs que nous venons d'indiquer doivent être égales.

---

(1) M. le baron DE CURNIEU, Notes à la suite de sa traduction de XÉNOPHON.

Quelquefois, cependant, il survient plus dans la partie supérieure. On a alors l'animal *près de terre* et, dans n'importe quelle spécialité, presque toujours de qualité hors ligne.

Tout cheval fait qui n'est pas arrivé à *l'ensemble moyen* est un animal manqué dans sa naissance ou dans son élevage. Il est dit *enlevé.*

S'il a le dos long, le rein maigre et *mal attaché*, ce qui présente alors du sommet du *sacrum* à la pointe des hanches comme un V sur la croupe, il est dit *décousu.*

Tout cela se voit d'un coup d'œil.

Quant aux proportions relatives à la taille, *on peut mesurer.*

Certains poulains d'origine commune peuvent promettre d'arriver à l'ensemble des proportions que nous venons de dire, mais à l'élégance supérieure qui distingue le poulain de race et qui peut même le faire *paraître* plus léger, l'éleveur pourra s'assurer qu'il réunit presque toujours : *plus de volume des genoux et des jarrets*, *plus de développement des muscles de l'avant-bras et de la jambe* et *plus d'ampleur de poitrine*, mesurée au passage des sangles, que le sujet commun qui, le plus souvent, ne *paraît gros* que parce qu'il est *grossier.*

S'il en est parfois autrement, c'est que le sujet de race a été manqué dans sa naissance, ou depuis, par manque de bonne et suffisante alimentation ou d'exercice.

Une fois en automne et jusqu'au printemps avant la chute du poil d'hiver, l'acheteur doit aussi refuser tout poulain au *poil court et lisse :* ce qui est une preuve de stabulation dans une écurie chaude et, malgré la meilleure apparence de santé, un commencement d'étiolement, germe de maladies plus ou moins graves, capable de compromettre la réussite du sujet.

Mais pour mieux se guider dans l'appréciation des sujets qui lui sont offerts, l'éleveur qui achète doit nécessairement connaître leur âge autrement que sur la déclaration plus ou moins sincère du vendeur.

Il peut donc être utile, pour le but que nous nous sommes proposé, d'esquisser ici les principes de cette connaissance.

Les signes de l'âge du poulain ou du cheval se montrent surtout aux dents incisives.

Ces signes sont : l'*éruption*, le *rasement*, le *changement de forme*.

Il y a six incisives supérieures et six incisives inférieures correspondantes.

Généralement, l'âge se lit sur ces dernières.

Les deux du milieu se nomment *pinces*,

Les deux suivantes, *mitoyennes ;*

Les deux dernières, *coins*.

Ces dents sont d'abord dents *de lait* ou *de poulain*. Elles tombent ensuite successivement, et deux par deux, pour faire place aux dents de remplacement ou *de cheval*.

La plupart des poulains naissent avec des pinces de lait. Lorsqu'il n'en est pas ainsi, elles apparaissent avant le dixième jour. Le bord antérieur ou externe sort de l'alvéole le premier ; le bord postérieur ou interne ne sort que vers trois semaines plus tard.

Les mitoyennes sortent un mois après la naissance.

Les coins font leur éruption vers l'âge de sept mois, à la manière des pinces et des mitoyennes.

A huit mois, les pinces de lait sont *rasées*, c'est-à-dire ont leur bord interne à hauteur du bord externe ;

A un an, rasement des mitoyennes ;

A dix-huit mois, rasement des coins.

Passé cette époque de l'éruption complète des dents de lait, celles-ci s'usent plus qu'elles ne poussent. Elles se raccourcissent, se déchaussent, en commençant par les pinces qui tombent *à deux ans et demi* pour faire place aux premières incisives de remplacement.

Comme pour la dent de lait, le bord externe de la dent de remplacement sort aussi le premier, et *pour qu'un poulain marque trois ans,* il faut que le bord externe des pinces de remplacement soit arrivé à hauteur des mitoyennes de lait.

C'est à ce moment, et quelquefois même plus tôt, que certains éleveurs, aussi peu éclairés que peu consciencieux, font arracher les mitoyennes de lait dans le but de hâter l'éruption des mitoyennes de remplacement, pour faire croire que leur poulain aura quatre ans lorsqu'il n'en aura réellement que trois.

Cette pratique a été tellement répandue, qu'il peut encore être utile d'en démontrer l'absurdité.

Nous avons dit tout à l'heure que plus un poulain est jeune, *plus il est haut sur jambes.* L'ensemble du sujet que l'on a voulu faire paraître plus âgé en lui arrachant les dents peut donc indiquer la fraude à l'œil le moins exercé, ou bien faire passer pour un *poulain manqué* un élève de bon avenir. De là, discrédit immanquable devant l'acheteur éclairé.

En outre, il ne suffit pas d'arracher la dent de lait avant l'heure de sa chute naturelle pour que la dent de remplacement apparaisse. La nature n'a point de ces complaisances. Le poulain peut, au contraire, rester *brèche-dent* pendant toute une saison. Alors, au lieu de profiter, par exemple, du bon pacage de printemps, l'animal, qui ne peut paître sans incisives, les pinces et les mitoyennes lui manquant à la fois, et l'arrachement de ces dernières ayant produit parfois des tumeurs aux gencives, l'animal, disons nous, dépérit et peut tourner au médiocre malgré des qualités natives sérieuses pour arriver à une qualité supérieure et de haut prix. En outre, presque toujours aussi, de très-doux et confiant qu'il était, cette opération barbare l'a rendu peureux, méfiant, quelquefois méchant, ce qui n'encourage point l'acheteur.

Pour éviter le dépérissement du poulain dans cette condition, l'éleveur peut le nourrir abondamment à l'écurie ; mais alors, la nourriture coûte plus cher, l'exercice, le plein air, manquent, et le sujet est exposé à des accidents, à *une mauvaise gourme.*

Si, d'un autre côté et cette période de misère

passée pour le poulain, on parvient à le vendre comme plus âgé d'un an, il se ruine promptement, parce que le travail lui est demandé en raison d'un âge qu'il n'a pas, et l'acheteur est ensuite peu disposé à revoir l'éleveur et la contrée qui *fraudent* ainsi l'élevage.

Il est donc facile de reconnaître que, dans cette pratique comme heureusement dans presque toute tromperie, le trompeur *ne trompe*, en définitive, *que lui-même*.

Les mitoyennes de remplacement font leur éruption à *trois ans et demi*. Leur bord antérieur n'arrive au niveau des coins de lait qu'à *quatre ans*.

Les coins de remplacement se montrent à *quatre ans et demi*. Leur bord antérieur est au niveau des mitoyennes et des pinces à *cinq ans*.

L'éruption des crochets ne peut rien fixer à propos de l'âge. Son époque est vague. Elle varie entre trois ans et demi et cinq ans.

Nous avons dit que la dent est *rasée* lorsque le bord interne est arrivé à hauteur du bord externe.

A *cinq ans*, rasement des *pinces ;*

A *six ans*, rasement des *mitoyennes ;*

A *sept ans*, rasement des *coins*.

A sept ans, toutes les incisives sont donc rasées ;

mais de plus, la table, c'est-à-dire la surface entre le bord interne et le bord externe des incisives inférieures, présente la forme elliptique. Souvent aussi, par suite de plus d'étendue de la mâchoire supérieure, le *coin* de cette mâchoire présente un *commencement de cette échancrure* qu'on a appelée *queue d'aronde.*

A *huit ans*, la queue d'aronde, si elle existe, a son échancrure bien accentuée. A la table de la dent, on voit que la forme elliptique tend à s'élargir d'avant en arrière. C'est surtout cette forme et les modifications qui s'ensuivent qui fournissent les caractères les plus certains pour juger de l'âge après sept ans. D'elliptique, cette forme devient triangulaire et ensuite biangulaire, aplatie d'avant en arrière dans la vieillesse.

Comme après sept ou huit ans, l'âge n'intéresse généralement que le consommateur, nous renvoyons aux ouvrages spéciaux (1), où l'on trouve également l'indication des ruses employées par les maquignons

---

(1) Le lecteur trouvera dans les *Conseils aux acheteurs de chevaux, ou Traité de la conformation extérieure du cheval,* par John Stewart, 1 vol in-18, *franco.* 3 fr. 50 c., tous les renseignements indiqués par l'auteur. (*Note de l'éditeur.*)

d'un certain ordre pour *rajeunir* les vieux chevaux, et aussi l'indication des moyens bien simples de reconnaître que ces procédés ne peuvent tromper que les ignorants.

Du reste, en traitant ici de la dentition, nous avons eu moins l'idée de faire un *cours d'âge* que de mettre le cultivateur mieux à même de juger de l'avenir du poulain qu'on lui offre, en comparant, avec plus de certitude, son âge avec son développement. Notre but a été aussi de prémunir l'éleveur contre la tentation de l'arrachement des mitoyennes : double duperie au détriment du poulain et de son maître, et qui ne profite qu'à l'empirique chargé de l'opération.

CHAPITRE VI

CE QU'IL FAUT ÉVITER ET CE QU'IL FAUT FAIRE POUR OBTENIR DE BONS POULAINS

En dehors des causes dont nous avons indiqué les remèdes dans les chapitres précédents, les poulains peuvent encore être manqués :

1° Parce qu'ils naissent d'étalons trop grands en raison de la valeur productive de la prairie qui nourrit la mère et doit les nourrir eux-mêmes ;

2° Parce que l'étalon était manqué lui-même dans sa conformation, ou dans sa santé, ou dans son origine, et, *le plus souvent*, parce que cet étalon n'était lui-même qu'un poulain trop jeune pour bien produire ;

3° Parce que la mère n'était elle-même qu'une jument sans qualité ou une pouliche trop jeune.

A moins d'avoir à sa disposition des herbages privilégiés comme ceux de la *vallée d'Auge* et des prairies sur alluvion marine du *Cotentin*, de *Saint-Gervais*, de *Luçon* et des environs de *Rochefort*, où s'offre presque en toutes saisons, au pacage des animaux, une végétation puissante et de qualité supérieure au point de vue du développement, il y a inconvénient, surtout dans les petites fermes, à faire naître des poulains au moyen d'étalons de très-grande taille. Une récolte difficile du bon fourrage, le manque de la prairie artificielle par suite de sécheresse ou d'un hiver rigoureux et prolongé entrecoupé de fréquents dégels, d'autres causes multiples et inattendues, peuvent entraver le développement normal du produit qui subit, dès le ventre de la mère, toutes les influences qui sont pour celle-ci avantageuses ou nuisibles.

On ne peut, non plus, généralement réussir en donnant à une petite jument un étalon d'une taille plus élevée, qu'à condition que cette jument, de complexion très-robuste et de bon appétit, reçoive une alimentation de quantité et de nature à fournir abondamment au développement solide des tissus chez le produit. Autrement, le poulain naît grand, mais effilé, et, tout en arrivant promptement à dépasser la taille de sa mère, il ne peut avoir aucune qualité d'avenir.

La première alimentation du poulain, *c'est le sang de la jument*, et pour que celle-ci puisse donner, il faut d'abord non-seulement qu'elle reçoive, mais surtout que ses organes soient assez puissants pour suffisamment digérer.

Dans les meilleures conditions fourragères possibles, une petite jument *qui n'est pas très-ample de poitrine* n'aura pas de succès avec un grand étalon.

Ce n'est donc pas à l'étalon qu'il faut demander la taille et le gros, c'est d'abord à la jument qui doit les tenir elle-même *du sol*, c'est-à-dire d'une bonne et suffisante alimentation.

L'étalon donne *l'influx nerveux* d'où résultent l'énergie, la volonté, lorsqu'il possède lui-même ces qualités. Il donne aussi la ressemblance. C'est en le choisissant bien qu'on corrige les défectuosités qui peuvent exister dans la race des juments, défectuosités qui devront rarement reparaître si l'on supprime *les causes locales* que nous avons indiquées. Mais au point de vue physique plus matériel, l'étalon ne fournit en quelque sorte qu'un *canevas* dont l'élargissement ne peut avoir lieu qu'en raison de l'ampleur d'alimentation que le produit trouve d'abord chez la mère, et ensuite chez l'éleveur.

Il n'y a donc nul inconvénient, et il y a souvent avantage à faire féconder une forte jument par un étalon plus petit.

L'essentiel, c'est que celui-ci soit *de bonne race et de bon modèle*.

Dans ces conditions, on voit des étalons très-petits, arabes, barbes ou persans par exemple, produire des poulains qui deviennent carrossiers et qui sont alors près de terre, *tassés* et de qualité supérieure.

N'avons-nous pas aussi ce phénomène dans la génération des plantes?

La semence provenant d'une tige faible qui a crû dans une terre pauvre donne, sur une terre meilleure, des tiges plus développées et un grain plus abondant.

L'animal se développe comme la plante. Celle-ci a ses racines qui cherchent dans le sol la substance solide qui lui est propre. L'animal a aussi ses racines : le cordon ombilical d'abord, et ensuite l'estomac où la bouche doit envoyer ce que l'économie réclame pour le développement et l'entretien.

Lorsque cette condition devient difficile, le poulain du petit étalon *de bonne trempe* en souffre moins et résiste mieux, tandis que le poulain du grand étalon, s'il n'épuise pas complétement la mère, peut en être fortement compromis.

Lorsque l'étalon est lui-même un cheval manqué, on peut compter que ses défectuosités de conformation seront reproduites au moins autant que sa ressemblance de race.

Mais ce qui a été trop longtemps déplorable, c'est que des poulains sont, à deux ans, employés à la monte. S'ils ont de la race, leurs produits paraissent jolis dans le jeune âge. Ils trompent l'acheteur et seront, plus tard, toujours médiocres de service. A l'âge de cheval, ils paraissent encore poulains. Le père ne peut donner que ce qu'il a, de là le cheval *enlevé*.

L'étalon, qu'il soit de grande ou de petite race, de peu ou de beaucoup *de sang*, devrait toujours avoir au moins quatre ans, et, fût-il commun, présenter ces conditions qui promettent de la qualité au produit et du bénéfice à l'éleveur : tête belle, jolie robe, grande poitrine, grande épaule, hanche longue, dos court, reins, genoux et jarrets larges, bons pieds et *tronçon de queue gros et ferme au passage de la croupière.* C'est là où le cheval montre le développement et la vigueur de la colonne vertébrale. Ne pas oublier, non plus, que l'homme, sur son dos, doit avoir *le genou loin de l'épaule du cheval*. Cette dernière condition est une preuve *d'équilibre* qu'il est important de ne pas négliger, en vue des moyens que l'on désire chez le produit.

Mais avec cette *apparence satisfaisante* chez l'étalon, son origine, son passé, ses moyens doivent encore être connus.

Son origine : parce que tout parfait qu'il peut être de conformation, s'il n'est qu'un résultat bien réussi de premier croisement par une mère abâtardie, atteinte de tares osseuses héréditaires ou d'infirmités internes, comme la *pousse*, par exemple, ses produits sont susceptibles de rapporter ces défectuosités qui les déprécieront ou tromperont l'acheteur, ce qui est toujours fâcheux pour l'écurie et même pour la contrée, qui perd ainsi sa bonne réputation. Il peut en être de même en sens inverse : un étalon d'excellente origine produit souvent très-bien, quoique étant un peu incomplet dans sa conformation et son développement, par suite de circonstances accidentelles ou d'une alimentation fourragère inférieure à celle nécessaire à sa race.

Son passé : parce que si, au lieu de travailler et

d'acquérir de la force dans sa jeunesse en augmentant ainsi sa puissance de transmission, il a sailli à deux ans et vécu, pour ce seul but, paresseusement à l'écurie, les juments qu'on lui donne courent le risque de n'être pas fécondées ou de faire de très-mauvais poulains. Il est surtout remarquable que l'étalon très-gras par suite d'oisiveté ne fait que de petits poulains.

Ses moyens : c'est par l'*épreuve* que peuvent le mieux s'affirmer les conditions qui précèdent. Aucun étalon ne devrait séduire le producteur, si celui-ci ne l'a vu ou ne sait qu'il a pu se montrer ***honorablement*** sur l'hippodrome; sans cette garantie, qui peut être constatée à l'attelage et au trot monté aussi bien qu'au galop, rien n'est sûr. Et cette épreuve devrait même avoir lieu tous les ans ***avant le commencement de la monte***, car si, en dehors du temps de la monte, l'étalon ne travaille pas ou s'il n'est pas ***vigoureusement promené***, il devient forcément l'objet d'un régime mou, débilitant, ou bien il n'assimile pas, au profit de la vigueur qu'il doit transmettre, la bonne nourriture qu'on lui donne, et, tout en restant ***gras***, il ne produit, comme nous venons de le dire, que des poulains de plus en plus inférieurs.

Passons maintenant aux poulinières.

Parfois, le besoin d'argent et le plus souvent la tentation par un gros prix font vendre la belle et bonne jument, et l'on garde, pour reproduire, une bête dépréciée par des vices de structure, des tares, et qui conséquemment est aussi moins bonne au travail, *tout en mangeant autant qu'une bête de qualité.* C'est une erreur et un malheur, car les produits rapportent de ces défectuosités, et l'on est exposé à voir passer presque en pure perte les ressources fourragères qu'ils absorbent.

Mais il est encore un mal plus général : c'est de faire naître par des pouliches trop jeunes. Le simple bon sens réprouve cette pratique, dont les déplorables suites ont pu discréditer même les meilleures contrées de production. En effet, lorsque la pouliche, qui croît jusqu'à cinq ans, est fécondée dès l'âge de deux ans, la croissance de la jeune mère est préjudiciable au produit, et le développement du produit préjudiciable à la mère. Le poulain naît petit, la mère a peu de lait, et tous deux présentent bientôt ce cachet de faiblesse que l'alimentation la plus généreuse sera impuissante à réparer : membres grêles, épaules courtes et plates, point de muscles lombaires, côtes affaissées, coudes sous la poitrine étroite, tels sont à un an le poulain et à quatre ans la mère, qui ne valent pas à eux deux ce que la pouliche eût valu seule si on l'eût laissée tranquille.

Agir ainsi, *c'est se donner en pure perte des bouches à nourrir* et détruire chez soi la souche des bonnes poulinières.

Cultivateurs, qui achetons le poulain pour l'élever, de quelque race qu'il soit, ayons l'œil surtout à la largeur du jarret, à la force du genou, dont la face antérieure doit être large et lisse et l'os crochu en arrière suffisamment accusé; au développement des muscles de l'avant-bras et de la jambe, à l'ampleur au *sanglage*, et à la grosseur ainsi qu'à la fermeté du tronçon de queue. Si, avec une certaine taille et même de l'élégance chez le sujet, ces parties se montrent faibles, ne le prenons à aucun prix : c'est un produit de pouliche, et peut-être en même temps d'un étalon-poulain; il ne nous payerait sa nourriture ni par le travail ni par la vente.

Le premier revenu à demander à la pouliche, c'est le travail; elle ne doit devenir poulinière que lorsqu'elle a acquis par l'âge et par l'alimentation tonique qu'elle a méritée la richesse de sang nécessaire pour donner de la vigueur au produit. C'est ainsi que le commande l'*intérêt agricole bien entendu.* Alors, à moins d'accident, les poulains sont toujours bons.

En reproduction chevaline, il est encore un principe qu'il est important de ne pas perdre de vue : c'est que, lorsqu'une jument a convenablement produit avec l'étalon par lequel elle a été la première fois fécondée, il faut s'en tenir pour elle à cet étalon le plus longtemps possible, et, s'il disparaît, choisir son successeur autant que possible de même race et semblable. On sait que lorsqu'une jument a produit un mulet, le poulain qui peut suivre rapporte de la ressemblance avec l'âne dans la robe, la tête, les oreilles et la croupe. Le résultat analogue est moins choquant, mais il existe pourtant lorsqu'une jument a été successivement fécondée par des étalons de robes ou de conformations dissemblables. Les produits qui suivent le premier ressemblent quelquefois plus à leur aîné qu'à leur père propre; la *bâtardise* est écrite sur la robe et dans la structure. Le caprice non raisonné et les accouplements de hasard peuvent donc être cause non-seulement du manque d'homogénéité dans la race, mais aussi du manque d'ensemble, même chez l'individu.

Par ce phénomène, que chacun peut reconnaître au moyen de l'observation et qui existe également dans l'espèce canine, on s'explique qu'avec d'anciennes juments baies, qui ont reproduit d'abord avec l'étalon gris, l'étalon bai ne fait parfois que des poulains gris, et que, pour certaines contrées entachées de la robe grise, le meilleur moyen pratique d'en sortir promptement en conservant à la race ses qualités indigènes, c'est de s'appliquer à renouveler la population des poulinières, non par la jument exotique qu'il faudrait acheter et *acclimater*, mais par les pouliches indigènes, fussent-elles grises, en leur donnant toujours l'étalon bai, confirmé dans cette robe pour plusieurs générations.

CHAPITRE VII

DE L'ALIMENTATION DU POULAIN APRÈS LA NAISSANCE

Indépendamment du bon fourrage, dont nous avons indiqué les qualités particulières nécessaires pour le développement du produit, la bonne jument, qui travaille habituellement à la ferme en portant et en allaitant son poulain, reçoit presque partout de l'avoine. Le poulain profite donc de cette alimentation tonique, et, à la rigueur, les pousses les plus tendres qu'il choisit dans le fourrage vert peuvent lui suffire jusqu'à l'approche du sevrage.

Mais au sevrage on est en automne. La température devient dure et pluvieuse. En même temps que tarit le lait de la mère, l'herbage le meilleur, souvent mouillé, manque de saveur et de puissance. C'est le moment critique : l'avenir du poulain va dépendre des soins qui lui seront donnés jusqu'au printemps.

Certains éleveurs, qui se plaindront plus tard de ne pas réussir dans l'élevage du cheval, agissent alors comme l'on fait à propos de l'espèce bovine dans certaines contrées, où le meilleur cultivateur ou herbager passe pour être celui « qui sait mieux *faminer* le jeune bétail au profit des bêtes de rente, » c'est-à-dire : laisser maigrir les veaux pour mieux engraisser les bœufs.

C'est malheureusement ainsi que, pendant trop longtemps, et particulièrement en hiver, nous avons, en France, traité surtout le poulain distingué.

Il se peut que ce régime cruel soit avantageux au point de vue du bénéfice, lorsqu'il est appliqué à certaines races de boucherie très-rustiques dans le but d'en obtenir de la viande *au lieu de faire des os ;* mais, à l'égard du poulain, dont la première valeur d'avenir est *la force*, est-il nécessaire de démontrer que cette cruauté est en même temps une ineptie ?

Elever avec économie, c'est bien élever : c'est préparer pour l'avenir *le bénéfice le plus sûr* en fournissant au développement du poulain tous les matériaux nécessaires à la solidification *graduelle* de sa structure osseuse et musculaire. L'économie défend le gaspillage ; mais, en élevage du cheval, l'excès de parcimonie est ruineux.

Il faut donc bien élever, c'est-à-dire ne pas faire succéder la famine à l'abondance pour gorger, dans une saison meilleure, un animal débile. Les à-coups, dans l'alimentation, occasionnent des accidents, des maladies, provoquent des tares, altèrent la constitution. Il vaut mieux posséder quelques têtes de moins et bien nourrir régulièrement.

On parle quelquefois des chevaux sobres. Il faut d'abord tenir compte du climat. Le même cheval mange plus dans le Nord que dans le Midi, et, par la même raison, le poulain profite moins en hiver qu'en été. Il y a aussi la différence de valeur nutritive que nous avons signalée entre les fourrages provenant de divers sols. Mais sous n'importe quelle latitude il n'y a de cheval vraiment sobre que celui qui digère bien, et il n'y a de cheval qui digère bien que celui qui a été bien élevé.

La sagesse du proverbe dit, à l'adresse de l'homme : « *Quand le râtelier est vide, les chevaux se battent.* » La faim irrite le système nerveux et cet état trop prolongé peut aussi porter le poulain à prendre mauvais caractère.

Le bon éleveur est donc prévoyant. Il assure, pendant l'été, la nourriture d'hiver, qui ne doit pas se composer exclusivement de paille et de racines ou d'herbe mouillée. Il garde, pour l'écurie, une réserve de son meilleur fourrage, et, pour réchauffer le poulain contre le froid et l'humidité de la saison, il lui donne un peu d'avoine.

Le poulain va dehors, en paddock ou parcours. Il n'est rentré pendant le jour que si le temps est par trop mauvais. Il court, il saute ; cette avoine ne l'engraisse pas ; il a le poil long, laineux, mais il est gai, vigoureux, déjà robuste. Le premier printemps le verra dépasser tous ses camarades négligés, qui ne l'atteindront plus.

Trente francs dépensés en avoine pendant le premier hiver peuvent, six mois après, être *décuplés* au profit de l'éleveur.

Même régime au deuxième et au troisième hiver. Au printemps et en été, pacage au grand air et en liberté autant que possible. Si la prairie naturelle close manque, y suppléer par le pacage *au piquet* sur la prairie artificielle : la corde longue, comme dans la plaine de Caen, mais peu à la fois pour éviter le gaspillage et les indigestions.

En automne, parcours libre dans les chaumes ou sur les regains des prairies, avec le bétail de la ferme.

Le poulain mâle qui n'est pas destiné à devenir étalon doit être castré à deux ans et même à dix-huit mois, s'il est déjà tourmenté d'ardeurs précoces. Alors, il n'est jamais un embarras dans la ferme ; son élevage continue à meilleur marché par le pacage au dehors, surtout pendant l'automne ; il se guérit avant l'époque où le travail lui sera demandé, et sa tranquillité de cheval hongre le rend aussi plus docile pour l'éducation.

Déjà apprivoisé à la vue et au bruit des instruments de travail, ainsi qu'aux harnais qu'on lui a essayés de temps en temps, quel que soit son degré de race et de distinction, l'élève, poulain ou pouliche, doit, après deux ans, prendre place à l'attelage pour les hersages et les labours légers qui précèdent les semailles d'automne.

CHAPITRE VIII

DE LA FERRURE

Jusqu'à cet âge de deux ans et demi, la ferrure n'a pas été appliquée, et, si le premier travail d'éducation peut avoir lieu sur des terres douces, il est avantageux de la retarder le plus possible, afin de laisser prendre au sabot tout son développement naturel.

Le parcours en liberté et en commun exige aussi, pour éviter les accidents, que les chevaux ne soient pas ferrés du derrière ; mais le jeune cheval a été de bonne heure habitué au bruit de la forge, où il aura suivi sa mère ou les anciens chevaux qui sont ses camarades d'écurie, à se laisser lever les pieds, à y entendre le bruit et à sentir le choc du marteau sur le fer qu'on y aura posé sans l'attacher, en le récompensant de sa patience par un morceau de pain, par des caresses. Il se trouve ainsi préparé pour cette opération qui aura lieu sans difficulté lorsque sa force et son énergie seront devenues plus grandes.

La ferrure est une nécessité fâcheuse que nos chevaux doivent subir. Mais s'il arrive qu'avant trois ans le travail sur des terrains rocailleux ou l'obligation de marcher sur les routes empierrées oblige de faire ferrer, on doit faire déferrer dès que cette nécessité n'existe plus.

L'action de la ferrure ne doit jamais non plus tendre à diminuer le contour du sabot. Elle n'a d'autre but que d'empêcher l'usure trop prompte de la corne, et, sous aucun prétexte, la surface onctueuse et brillante de l'ongle ne doit être atteinte par la rape du maréchal, comme il arrive trop souvent, dans le but, dit-on, de faire des pieds plus élégants.

C'est affaiblir le sabot dans sa partie la plus solide et lui ôter, en outre, ce qui le protége contre l'humidité et les autres agents extérieurs.

« *Petits sabots, petits boulets, mauvais cheval,* » a

dit le général Morris. Le pied d'un fort cheval doit être fort.

L'appui naturel du sabot veut aussi que les parties vives de la sole et de la fourchette soient respectées. Le boutoir du maréchal ne doit en détacher que ce qui tend à s'exfolier et qui tombe tout naturellement lorsque le cheval marche sans ferrure.

Dans beaucoup de fermes, lorsque le cheval ne travaille pas ou lorsqu'il ne fait que labourer sur des terres douces, le fer ne s'use pas et l'on fait ferrer plus rarement : c'est un tort, les pieds trop longs ayant pour effet de rendre le cheval maladroit, de le fatiguer davantage par suite de l'allongement du bras de levier, qui agit alors avec trop de force sur les tendons phalangiens, d'amener le rétrécissement du sabot et, par suite, presque toujours l'étranglement et la corruption de la fourchette : *l'encastelure.*

La ferrure doit donc être changée tous les mois, ou au moins *relevée*, et la corne, toujours parée *à plat* et non en biseau déclivant vers la sole, raccourcie de manière à conserver au sabot son poser naturel.

En faisant ferrer, ne jamais mettre l'animal hors d'équilibre en lui levant trop haut les pieds de derrière.

CHAPITRE IX

DE LA PREMIÈRE ÉDUCATION AU TRAVAIL

Pour le dressage au collier, qui doit commencer à la herse et à la charrue, il est d'abord très-important que la résistance à la traction ne soit pas excessive.

Ceci, et le contraire que nous avons vu très-souvent, nous engage à une digression qui peut n'être pas sans utilité.

De grandes améliorations se sont produites en fait d'instruments agricoles. Presque partout l'*araire* a remplacé l'ancienne charrue à avant-train et à versoir en bois. Mais pour que la traction de l'araire soit aussi légère que possible, il est encore essentiel que soc et versoir en fer soient constamment propres. Si, lorsqu'il n'est pas employé, l'instrument reste à la pluie ou s'il n'est pas parfaitement nettoyé et essuyé, il s'oxyde, et lorsque plus tard il faut s'en servir, la rouille, à laquelle s'attache la terre humide, produit le même encrassement que jadis sur le versoir en bois. Cet encrassement fait même alors une résistance d'autant plus grande, qu'il se loge surtout dans la concavité du versoir plus large, ce qui nécessite une énorme force de traction jusqu'à ce que le fer soit ramené au poli brillant qui lui permet de glisser enfin plus facilement sous la terre qu'il retourne. Le jardinier ne fait point de luxe en tenant sa bêche propre : il s'évite ainsi un surcroît de fatigue que le laboureur négligent impose à son attelage.

Lorsqu'il s'agit d'atteler à la voiture, c'est-à-dire, pour beaucoup de contrées, au brancard de la charrette, ce qui est une bonne préparation pour le dressage au tilbury ou à l'américaine, il faut que la voiture soit légère. Il est aussi très-important qu'elle soit pourvue de frein ou *mécanique*, sans quoi l'on s'expose à *couronner* le poulain, qui peut s'emporter malgré les longes de précaution, et aller s'abattre sur quelque tas de pierres, et, en outre, sans même apparence de difficultés dans les descentes, à des accidents également graves dans les membres postérieurs.

A une voiture lourde ou chargée, le limonier doit toujours être un cheval dont l'âge a entièrement solidifié les articulations. Dans les pays montueux surtout, le frein pour les descentes devrait exister à toutes les voitures de ferme. Lorsqu'on songe, même sans compter tous les conducteurs tués ou estropiés, à ce que subit le limonier sous le poids souvent énorme qui le pousse et qu'il s'efforce de retenir alors que la sous-ventrière, par l'équilibre de la charge, tend à l'enlever au sol déclive, où il ne trouve pour appui que des rugosités qui provoquent les chocs les plus rudes pour le rein et les articulations des membres, on doit comprendre que l'oubli de cette précaution est une véritable cruauté.

Cultivateurs, aimons nos chevaux; c'est aussi une bonne manière *d'aimer nos écus*.

Au début du travail, on ménage le jeune cheval presque toujours trop ardent, on le guide à la main, on le modère par des paroles, par des caresses. Ses harnais sont ajustés avec le plus grand soin, de manière à lui éviter toute meurtrissure, et son collier, qui peut être en jonc tressé, doit avoir le moins de poids possible. Après chacune des premières leçons, et lorsque le poulain est remis au travail après un certain intervalle, on lotionne aux épaules, à l'encolure, où le collier a porté, avec de l'alcool camphré étendu d'eau, afin d'éviter pour la leçon suivante, toute sensibilité qui ferait hésiter l'animal à donner dans le collier.

Mais une autre précaution au plus haut point importante pour arriver facilement à dresser le poulain le plus énergique, soit au tirage, soit à la selle, c'est, d'abord, pour le dresseur, *de mettre de son côté le moral de l'élève.*

Cette condition est plus facile à la ferme que partout ailleurs.

Le cheval est intelligent. Il est reconnaissant des soins qui lui sont donnés avec bonté, comme il garde frayeur et quelquefois rancune des mauvais traitements qu'il a subis. L'exemple des autres chevaux a aussi sur le poulain une grande influence.

Un cheval est quelquefois ombrageux parce qu'il y voit mal (myope ou presbyte). Il prend confiance à côté d'un cheval sûr ; mais évitons d'atteler un poulain avec lui.

Il n'y a pas de poulain, même de pure race, qui fasse de grandes difficultés pour être attelé à l'allure la plus tranquille, s'il est dressé avec sa mère ou avec d'anciens chevaux sages qui sont ses camarades d'écurie, et *conduit par l'homme qui lui donne à manger.*

« La première leçon du poulain, dit William « Youatt(1), doit toujours lui être donnée par l'homme « qui lui donne à manger. »

Il en est de même pour le dressage monté, qui est indispensable pour donner au jeune cheval de la prestance, de la distinction dans les allures et la meilleure valeur de vente. On doit commencer au plus tard à trois ans, et le poulain est toujours prêt à la docilité, s'il est monté par l'homme ou l'enfant adulte « *qui lui donne à manger.* »

Il n'est pas nécessaire d'être écuyer pour monter un poulain. Il faut seulement n'être pas trop lourd. Ce rôle revient tout naturellement aux jeunes gens des fermes. Au début, il s'agit tout simplement, le cavalier sans éperons, — une simple verge en guise de cravache suffit pour exciter ou corriger s'il y a

(1) Auteur anglais déjà cité.

lieu, — il s'agit tout simplement, disons-nous, de faire marcher l'animal droit devant lui *au pas;* les rênes du bridon ajustées et *senties*, mais non tendues avec force, et le cavalier faisant partir, dirigeant et arrêtant *de la voix* beaucoup plus que des rênes et des jambes (1). Un vieux cheval sage, le camarade d'écurie autant que possible, est monté en même temps et marche d'abord devant. Bientôt, le poulain a accepté son cavalier et ne pense plus qu'à arriver à hauteur de son compagnon. Au bout de quelques jours, il passera devant sans difficulté.

Il est donc toujours facile au cultivateur, ou à son fils, ou à son domestique, de devenir le cavalier du poulain qu'on élève dans la ferme.

En fait de principes équestres, trop de science amène souvent trop d'exigence, et, pour ce premier dressage, mieux vaut peut-être point que beaucoup. Le cheval et le cavalier se font ensemble. Pour ce-

---

(1) M. le comte DE MONTIGNY, inspecteur général des écoles de dressage, nous dit : « Les trotteurs américains se dirigent exclu- « sivement à la voix et n'ont que des mors de bridons en cuir « dans leur bouche, qui ne présente aucune résistance. Nous ne « saurions mieux faire. Imitons ce dressage. » *Manuel des cochers, piqueurs*, etc.; Paris, Dumaine, 1865.

lui-ci, la seule affaire est de « trouver le fond de la selle », que le général Morris dit être « bien près du fond de la science ». Être *assis* et se servir des rênes et des jambes avec assez de légèreté pour ne pas déranger cette assiette, suffit au cultivateur pour monter, et monter même très-solidement, ses poulains ou pouliches.

Ceci est depuis longtemps connu et s'appelle : *Équitation instinctive*.

Nous assistions un jour, en basse Bretagne, à une course au trot, où trente-cinq belles pouliches carrossières de trois ans, primées comme futures poulinières, avaient en outre à se disputer sur l'hippodrome une somme de 2,000 francs, divisée en cinq ou six prix. Beaucoup de ces pouliches avaient un degré de race très-prononcé et n'avaient été exercées que depuis quelques semaines. Pour le plus grand nombre, on avait dû suppléer au manque de selles dans la ferme par une couverture ployée en plusieurs doubles et un surfaix auquel étaient attachés des étriers de corde, et, toutes ces pouliches, moins une, étaient montées par les cultivateurs, ou leurs fils, qui les avaient élevées.

Il n'y a qu'une seule course, un seul départ; il faut former ces trente-cinq pouliches sur trois rangs ;

on y arrive avec assez de peine (1). Dans la foule, l'émotion est vive. La plupart de ces belles pouliches sont du Léon, et si le Breton de la Cornouaille est traditionnellement cavalier, le Léonard a longtemps passé pour ne savoir que conduire en main les chevaux qu'il avait engraissés. Enfin, le signal est donné, toutes ces pouliches s'élancent. Quelques-unes, trop ardentes, veulent galoper; ce ne sont pas les meilleures. Les autres trottent, s'échelonnent. A cent cinquante pas, pourtant, une se traverse, pointe; son cavalier, heurté, roule à terre et la bête s'échappe! Ce cavalier porte un costume de course!... C'est un jockey émérite cornouaillais qui a accepté la veille de monter une des deux pouliches qu'un jeune fermier avait également dressées, mais n'en pouvait monter qu'une, puisqu'elles couraient toutes à la fois.

Autant que le succès des vainqueurs, la réussite de cette course provoque l'enthousiasme dans la population agricole du Léon.

Ce fait, qui peut servir d'exemple et d'encouragement, explique aussi pourquoi, dans les grandes courses, le gentleman le plus capable peut n'avoir

---

(1) Ce fait eut lieu en 1863, sur l'hippodrome de Morlaix.

pas, avec le même cheval, le même succès que son jockey. Celui-ci, qui soigne le cheval, qui le monte tous les jours, *qui lui donne à manger*, profite de ce que l'animal accorde mieux à l'homme qu'il connaît plus intimement toute sa bonne volonté.

Seulement, il est quelques précautions qu'il importe d'observer.

Pour le poulain monté, il est surtout essentiel d'éviter le sol trop dur (1), comme, par exemple, le pavé et le milieu des grandes routes, qu'un véritable homme de cheval *ne tient jamais*, à moins que les bas côtés, où le sol est plus élastique, soient impraticables : le choc des fers sur les pierres pouvant compromettre les articulations des extrémités, surtout aux allures vives.

Les chemins de terroir unis et non empierrés, les grèves sur le littoral, doivent donc être préférés si le sol est assez ferme pour que les pieds ne s'y enfoncent pas au point de provoquer, surtout dans les jarrets, des mouvements forcés et dangereux. Lorsqu'un de ces mauvais endroits est rencontré par ha-

---

(1) Xénophon, *De l'Équitation*, chap. 1er, traductions de Paul-L. Courier et de M. le baron de Curnieu.

sard, on doit toujours le passer avec précaution et au pas.

Aussi longtemps que le cavalier se sent être un poids pour le poulain, il se contente de l'exercer au pas en s'appliquant à le confirmer dans sa docilité. Pour éviter les défenses lorsqu'il commence à aller seul et obtenir plus complétement son attention à obéir, il est avantageux de le mener d'abord par des chemins qu'il ne connaît pas, qui se communiquent de manière à ne pas faire demi-tour sur place pour revenir vers la ferme, et où l'on sera moins exposé à rencontrer d'autres chevaux.

L'allure du pas doit être devenue aisée et franche avant de passer à l'allure du trot. C'est surtout lorsque le poulain a reconnu le retour vers la ferme que le cavalier sent mieux si sa vigueur, excitée par la gaieté, permet de lui demander une allure plus vive. Il le laisse alors trotter environ cent pas, le calme ensuite, le caresse, et lui demandera la même allure à la leçon suivante, *dans la direction opposée.*

Lorsque le cheval ne doit aller à la charrette ou à la charrue qu'au pas, pour une traction légère, il y a peu d'inconvénients à le mettre au travail après un repas copieux. Mais si le travail doit être très-énergique ou si la course à la selle ou à la voiture doit se faire de vitesse et même seulement au trot, l'habitude de certaines personnes de faire boire et manger au moment de partir est on ne peut plus déplorable. C'est là le fâcheux secret du peu de durée de beaucoup d'excellents chevaux. Il est aussi gênant pour le cheval que pour l'homme de courir avec l'estomac plein. Pour se nourrir, il ne suffit pas que le cheval mange, il faut surtout qu'il digère. « L'orge du soir se retrouve dans la croupe, disent les Arabes (1), celle du matin dans le fumier. »

Il est donc de principe que la leçon doit être donnée lorsque l'animal a passé, après son repas, le temps nécessaire à sa digestion.

Il est également de principe qu'il ne faut jamais partir au trot, et encore moins au galop, en sortant de l'écurie, mais marcher d'abord au pas jusqu'à ce que l'animal se soit débarrassé l'intestin par une ou deux déjections et, pour finir la leçon ou le travail, marcher encore au pas le temps nécessaire pour que le poulain rentre calme et évite tout refroidissement brusque.

C'est également en usant ainsi du cheval de ser-

---

(1) Général Daumas, *Principes du Cavalier arabe.*

vice que l'on arrive à faire de très-longues routes en un jour et à le voir durer longtemps.

Il est aussi très-important que le poulain soit calme au montoir. A cet effet, ne jamais le monter *en voltige*, mais au contraire, se faire aider en commençant et monter toujours de pied ferme en s'enlevant sur les poignets, en arrivant doucement, en selle ou en couverte, sur le dos du poulain, le caressant ensuite, et le cavalier *lui-même* lui donnant alors quelque récompense qu'il savoure jusqu'à ce qu'il soit invité à se porter en avant. Quelques leçons suffisent pour obtenir la tranquillité désirée.

Aux montées et aux descentes, éviter de trotter; si la pente est forte, la prudence de l'homme et le bien du cheval disent de mettre pied à terre. Pour le poulain, le terrain d'exercice doit être *horizontal.*

Au commencement de l'exercice au trot, les distances parcourues à cette allure ne doivent pas être longues; car, alors le train se ralentit, ou bien le poulain cherche à prendre le galop, ce qui est toujours préjudiciable à la vitesse et à l'élégance qu'il doit acquérir au trot.

Un poulain qui, à trois ans, arrive à se livrer franchement sous l'homme au trot pendant deux kilomètres sans ralentir, saura faire plus tard tout aussi aisément vingt lieues dans un jour s'il continue d'être nourri et mené avec intelligence.

Lorsque le poulain a fourni un temps de trot bien soutenu, on le récompense par une bonne parole, une caresse de la main à l'encolure, aux épaules, aux flancs. On l'arrête quelquefois et, sans descendre, on lui donne, comme pour la leçon du montoir, un morceau de pain, ou de sucre, ou de carotte, que l'on a eu soin d'emporter dans sa poche. Quand le poulain a fini de savourer cette récompense, on repart de pied ferme au trot, pour passer au pas un peu plus loin, et l'on caresse de nouveau *en rendant la main*, c'est-à-dire en cessant toute tension des rênes. De gaieté alors, le poulain secoue la tête, les oreilles, il a compris et il n'aura plus besoin d'être poussé.

Ainsi pratiqué, ce commencement d'éducation n'est qu'une gymnastique avantageuse au meilleur équilibre des forces du poulain. Et celui-ci trouvant ensuite le repos facile sur la litière *horizontale, élastique* et *plus saine* que nous avons indiquée, et, en même temps, dans *la ration*, l'élément complet de réparation et de développement de sa vigueur et de sa structure, le jeune cheval arrive à la plus haute expression de sa puissance pour le travail de ferme sans rien perdre de la netteté de ses membres, de sa souplesse et de sa distinction pour la selle et le carrosse.

Il n'y a rien là de difficile non plus pour le cultivateur. Il ne faut qu'un peu de patience pendant les premiers jours et *l'habitude de la douceur.* Le reste n'est plus qu'une agréable distraction de trois quarts d'heure ou d'une heure par jour, que l'on peut se donner sans que le travail de ferme puisse en souffrir, et qui devient lucrative par la plus-value que ce dressage donne au poulain.

Rentré à l'écurie, bouchonner et étendre la couverte si le poulain a chaud. Donner ensuite un peu d'avoine dont on aura pu mieux juger le bon effet par ce moyen d'appréciation plus intime de l'élève.

Pour les pansages, éviter l'emploi de l'étrille, qui est insupportable pour les chevaux énergiques et qui rend la peau trop impressionnable aux intempéries. Le bouchon de paille et la brosse en chiendent doivent suffire pour rendre un cheval propre.

Mais ici doit s'arrêter, assez mal remplie sans doute, la tâche que nous avons eu la témérité de nous imposer.

Il ne nous reste plus qu'à recommander aux jeunes cultivateurs qui nous feront l'inestimable honneur de nous lire l'excellent ouvrage de M. le comte de Montigny (1), expression claire, précise, de la science du cheval la plus accomplie à propos du dressage complet et de l'emploi soit à la selle, soit à l'attelage de luxe. Ils trouveront là toutes les notions nécessaires pour arriver à recueillir tout le fruit mérité par une bonne pratique de l'élevage.

---

(1) *Manuel des cochers, piqueurs*, etc.; Paris, Dumaine, 1865.

RÉSUMÉ

En résumé, le programme du cultivateur qui veut élever de bons et beaux chevaux comporte :

1° Écurie suffisamment haute, aérée, éclairée, propre, au *sol élastique et horizontal* ;

2° Sol d'exploitation fourragère pourvu naturellement ou artificiellement des *minéraux que la plante doit transmettre à l'animal* pour le meilleur développement et la solidification de sa structure ;

3° Choix, élevage et entretien rationnels des reproducteurs mâles et femelles ;

4° Liberté suffisante de parcours, en *évitant les surfaces mouillées ;*

5° Prévoyance et régularité dans l'alimentation ;

6° Education précoce, graduée et raisonnée des sujets.

Que le cultivateur soit riche ou pauvre, que son exploitation soit importante ou restreinte, le but de tous est de bien faire, et les moyens que nous avons détaillés sont applicables par tous.

On peut donc, à la culture, élever et employer le cheval en même temps *fort et léger*, propre à l'attelage élégant, à la selle, et docile à la charrue, aussi bien en France qu'en Angleterre et dans les provinces allemandes, dont nous avons été, sous ce rapport, trop longtemps tributaires.

Quoi qu'on en ait dit, nous marchons dans ce progrès, qui se généralisera, non-seulement parce que l'influence politique nationale *l'ordonne*, mais surtout parce que *le progrès agricole l'exige.*

Alors, le commerce de luxe et les éventualités de guerre ne jetteront plus à l'étranger des millions qui doivent contribuer à rendre notre agriculture plus florissante, et celle-ci profitera en outre de ce que, *sans manger davantage*, son cheval travaillera plus vite et durera plus longtemps.

Il y a là, et aussi à d'autres points de vue qui ne doivent point entrer dans le cadre que nous nous sommes tracé, un intérêt immense, incalculable.

Notre métier n'est pas d'écrire. Une pratique agricole de jeunesse et une longue étude spécialement hippique nous ont seulement donné quelque expérience, et nous nous somme cru un devoir de l'offrir aux cultivateurs, qui trouveront enfin une part de leur prospérité en créant aussi des ressources précieuses pour la force de l'État.

Que la critique veuille donc être indulgente en faveur de notre bonne volonté.

TABLE DES MATIÈRES

EVREUX, A. HERISSEY, imp. — 967.

BIBLIOTHÈQUE DE L'AGRICULTEUR PRATICIEN (1)

Encouragée par S. Exc. le Ministre de l'Agriculture

ABEILLES, Guide du propriétaire, par COLLIN. 3ᵉ édit. In-18, planches........ 2 [illegible]

ABEILLES (*Education des*), par A. ESPANET. In-18........................ » 40

ALMANACH DE L'AGRICULTEUR PRATICIEN pour 1868. 11ᵉ année. In-18, fig. » 50
Les années 1857 à 1867 chaque........................ » 50

ANALYSE CHIMIQUE APPLIQUÉE A L'AGRICULTURE (*Notions élémentaires d'*), par Isidore PIERRE. 1 vol. In-18 avec fig........................ 2 50

BASSE-COUR ET LAPIN DOMESTIQUE, par YSABEAU. 1 vol. in-18........ » 75

BÉTAIL (*De l'alimentation du*), par Isidore PIERRE, 3ᵉ édition. 1 vol. in-18..... 2 50

BÊTES OVINES (*Des*) ET DES CHÈVRES, par YSABEAU. 1 vol. in-18, fig...... » 75

BETTERAVE (*Culture et alcoolisation de la*), par BASSET, 2ᵉ édit. In-18....... 2 »

CAILLES, FAISANS ET PERDRIX, par ALLARY. 1 vol. in-18, fig............ 1 50

CÉRÉALES (*Culture des*), des plantes fourragères, etc., par I. PIERRE. In-18.... 2 50

CHEVAUX. Conseils aux Éleveurs, par Ch. DU HAYS. 1 vol. in-18, fig........... 3 50

CULTIVATEUR ANGLAIS (*Le*), théorie et pratique de l'agriculture, par MURPHY, traduit de l'anglais par SANREY. 1 vol. in-18, fig........................ 1 50

DINDONS ET PINTADES (*Éleveur de*), par MARIOT-DIDIEUX. In-18......... » 75

DRAINAGE. L'art de tracer et d'établir les drains, par GRANDVOINNET. In-18, 150 fig. 3 »

ENGRAIS DE MER : *Tangues*, *Trez*, *Merl*, *Goëmons*, *Débris divers de poissons*, *Guanos*, etc., par I. PIERRE, 2ᵉ édit. 1 vol. in-18........................ 2 50

ENGRAIS (*Des*) en général, etc., par Michel GREFF, 2ᵉ édit. In-18............ » 50

FAISANS, COLINS, CANARDS MANDARINS, etc., par A. LEGRAND. 1 vol. in-18. 2 »

FOURRAGES (*Valeur nutritive des*), par Isidore PIERRE, 3ᵉ édit. In-18........ 2 50

FUMIER (*Plâtrage et sulfatage du*), par I. PIERRE, 2ᵉ édit. In-18............ » 50

GUANO DU PÉROU, composition, falsifications, etc. In-18.................. » 30

INSTRUMENTS ARATOIRES et *Travaux des champs*, par YSABEAU. 1 vol. in-18, fig. » 75

IRRIGATION (*Manuel d'*), par DEBY. In-18, 100 fig....................... 1 50

IRRIGATIONS, par J. DONALD, trad. par A. DE FRARIÈRE. In-18, fig.......... » 50

LAPIN DOMESTIQUE (*Education du*), par F. Alexis ESPANET, 4ᵉ éd. In-18... 1 »

MAIS ET SORGHO SUCRÉ (*Alcoolisation des tiges de*). Alcool. — Cidre. — Bière. — Vins artificiels, par DURET. In-18........................ » 75

MARNE ET CHAUX. Leur emploi en agriculture, par Isidore PIERRE. In-18.... » 50

MATIÈRES FERTILISANTES. Choix, achat, emploi, origine, composition, valeur, effets, durée, modes d'emploi, etc., par DUDOUY. In-18 .... 2 50

PIGEONS, *Oiseaux de luxe, de volière et de cage*, par A. ESPANET. 2ᵉ édit. In-18. 1 »

PLANTES FOURRAGÈRES (*Traité pratique de la culture des*), par DE THIER. 2ᵉ édit., corrigée par LEROY. In-18........................ 1 »

PORCHERIES (*De l'établissement des*), construction, etc. In-18, 93 grav...... 2 50

PORCS (*Du traitement des*) aux différentes époques de l'année. In-18, 30 grav. 1 25

POULES (*des*), suivi de notic. sur les Pigeons, Pintades, etc., par le Bᵒⁿ PEERS. In-18. 1 75

POULES, DINDES, OIES ET CANARDS, par F. Alexis ESPANET. In-18..... 1 »

PROFITS EN AGRICULTURE (*Les*), par Pierre MÉHEUST. 1 vol. in-18........ 1 50

RACES BOVINES (*Amélioration des*) en France, par DE ST-FERJEUX, 2ᵉ éd. In-18. 1 »

RÉCOLTES DÉROBÉES (*Des*), comme fourrages et engrais verts, et culture de la MOUTARDE BLANCHE, traduit de l'anglais par J. A. G. In-18, fig........ » 75

SANG DE RATE des animaux d'espèces ovine et bovine, par I. PIERRE. In-18.. 1 »

SEMAILLES EN LIGNE (*Des*) et des semoirs mécaniques, par F. GEORGES. In-18. » 50

SORGHO A SUCRE. Culture, etc., par MADINIER. In-8........................ » 60

SORGHO A SUCRE (*Guide du distillateur du*), par F. BOURDAIS. In-18...... 1 »

STABULATION de l'espèce bovine, par PEERS. In-18........................ 1 25

VÉGÉTAUX (*Nutrit. des*) dans ses rapp. avec les *Assolements*, par DE BABO. In-18. 1 »

VERS A SOIE (*Eleveur de*), par MM. GUÉRIN-MÉNEVILLE et E. ROBERT. In-18, fig. » 75

VINIFICATION. Traité pratique par E. RAY. In-18, 2ᵉ édit.................. 1 25

VISITE à un véritable agriculteur praticien, par DURAND-SAVOYAT. In-18..... 1 25

(1) *L'Agriculteur praticien*, revue de l'Agriculture française et étrangère : 24 numéros par an avec figures dans le texte. — Prix : 6 fr. — Les abonnements datent du 1ᵉʳ janvier de chaque année.

Evreux, A. HÉRISSEY, imp. — 867.

www.ingramcontent.com/pod-product-compliance
Ingram Content Group UK Ltd.
Pitfield, Milton Keynes, MK11 3LW, UK
UKHW020913180726
13838UKWH00002B/526